허 수

시인의 마음으로 들여다본 수학적 상상의 세계

IMAGING NUMBERS
Copyright ⓒ 2003 by Barry Mazur
All rights reserved including the rights of reproduction
in whole or in part in any form
Korea Translation Copyright ⓒ 2008 by Seung San Publishers
Korean edition is Published by arrangement with Janklow & Nesbit Associates
through Imprima Korea Agency

이 책의 한국어판 저작권은 Imprima Korea Agency를 통해 Janklow & Nesbit
Associates와의 독점 계약으로 도서출판 승산에 있습니다.
저작권법에 의해 한국 내에서 보호를 받는 저작물이므로 무단 전재와 복제를
금합니다.

허수 : 시인의 마음으로 들여다본 수학적 상상의 세계 / 배리 마주르 지
음 ; 박병철 옮김.-- 서울 : 승산, 2008
  p. ; cm

원표제 : Imagining numbers
원저자명 : Barry Mazur
색인수록
권말부록 : 2차방정식의 근의 공식
영어 원작을 한국어로 번역
ISBN 978-89-6139-012-5 03410 : ₩12000

412-KDC4
512-DDC21   CIP2008000877

시인의 마음으로 들여다본
수학적 상상의 세계

i 허수

배리 마주르 지음 | 박병철 옮김

IMAGINING NUMBERS

승산

Imagining Numbers

"수학적 상상력에 대한 심오하고 시적인 성찰"
〈크리스천 사이언스 모니터(The Christian Science Monitor)〉

"끊임없이 질문을 던지는 기묘하면서도 흥미로운 책"
〈옵저버(The Observer)〉

"마주르는 기담과 시, 그리고 철학을 통해 추상적 사고를 즐거움으로 바꾸는 능력이 있다"
〈뉴 사이언티스트(New Scientist)〉

"수학적으로 생각한다는 것의 의미를 매우 호소력 있고 극적으로 서술한 책"
조지프 다우벤(Joseph Dauben), 뉴욕시립대학교 역사 및 과학사 교수

그레첸에게

차례

서문 ⊙ 8
옮긴이 서문 ⊙ 12

1부
　　제1장 상상력과 제곱근　19
　　제2장 제곱근과 상상력　38
　　제3장 숫자 들여다보기　55
　　제4장 허락과 법칙　77
　　제5장 간결한 표현　88
　　제6장 법칙 정당화하기　100

2부

제7장 봄벨리의 수수께끼 115

제8장 이미지 잡아 늘이기 137

제9장 수로 표현되는 기하학 160

제10장 수의 기하학적 속성 181

3부

제11장 수에 내재되어 있는 기하학적 의미 197

제12장 기하학을 통한 대수학의 이해 211

부록 2차방정식의 근의 공식 ⊙ 223

후주 ⊙ 225

더 읽을 책 ⊙ 256

감사의 글 ⊙ 259

찾아보기 ⊙ 261

서문

1, 2, 3, …. '숫자 헤아리기'는 우리들 삶의 일부이다. 우리는 수를 앞에서 셀 수도 있고 거꾸로 셀 수도 있다. 심리학자들의 주장에 따르면 생후 5개월 된 어린아이들도 1 + 1과 2 − 1의 차이를 인식할 수 있다고 한다.[1] 명절 연휴가 며칠이나 되는지를 헤아릴 때는 숫자를 더해 나가고, 많은 대상들 중 하나를 강조할 때는 숫자를 빼 나간다.

우리의 선조들은 일상적인 자연수에 0과 음수를 추가하여 수의 영역을 확장해 왔는데, 이런 수들은 익숙해지기 전까지는 한동안 '상상 속의 수'로 간주되어 왔다.

이들을 통칭하는 **정수**(whole numbers)는 다음과 같은 배열로 표현할 수 있다.

$$\cdots, -2, -1, 0, +1, +2, \cdots$$

정수를 가리킬 때 whole numbers보다는 integers가 더 자주 쓰이는데, 이 말은 '완전한, 손대지 않은'을 뜻하는 라틴어 형용사에서 유래했다. 이것은 역으로 정수에 손댈 수 있고, 또 정수를 작은 부분으로 나눌 수 있음을 암시한다. 실제로 정수는 정수로 나눌 수 있으며, 그렇게 하면 **분수**(fractions)라는 새로운 숫자들이 줄줄이 나타난다.

분수는 표기법에서 알 수 있듯이 비율을 뜻하기도 하고(1/2 = 2/4는 '2에 대한 1의 비율은 4에 대한 2의 비율과 같다'는 것을 의미한다), 또는 어떤 행위를 나타내기도 한다(1/2에는 무언가를 '반으로 자른다'는 뜻이 담겨 있다).

분수는 십진표기법으로 풀어 쓸 수도 있다(1/2 = 0.5000000…, 이런 수를 소수(小數)라 한다). 소수점의 오른쪽에 나열된 숫자가 많을수록 수의 정확도는 증가한다. 수학에서는 소수점 아래의 숫자가 무한히 많은 수들이 시도 때도 없이 등장한다. 정수이건 분수이건 간에, 모든 수는 무한히 긴 소수로 나타낼 수 있으며, 그런 수를 **실수**(real numbers)라 부른다.

실수의 **실**(實, real)은 두 가지를 알려 준다. 첫째, 실수는 우리에게 실제적인 수이다. 둘째, 어딘가에는 비현실적인 수도 있다. 이런 비현실적인 수를 **허수**(虛數, imaginary numbers)라 한다.

Imaginary numbers는 매우 적절한 용어인데, 허수를 우리가 선반의 길이를 측정할 때 이용하는 실수만큼 실제적인 수로 만들려면 상상력을 동원해야 하기 때문이다.

이 책은 내 친구인 미첼 차오울리(Michel Chaouli)에게 보내는 편지에서 시작되었다. 우리는 사람들이 상상력의 작용을 정말로 '느낄' 수 있는지를 줄곧 생각해 왔다.[2] 그러던 어느 날 미첼은 "허수를 상상하고 싶다"고 말했다. 그날 저녁에 나는 우리가 나누었던 대화의 분위기에 젖어 허수의 기본 개념을 설명하는 글을 써 내려가기 시작했다.

내 편지는 음수의 제곱근을 상상하는 것이 무슨 의미인지를 내게 물어 온 많은 친구들에게 미처 다하지 못한 대답을 대신하는 글이었다. 그들의 질문, 논평, 비판, 그리고 통찰력 덕분에 나의 편지는 점점 나아지고 확장되었다. 그러므로 이 책은 수학과 관련된 훈련을 받은 적 없고, 고등학교를 졸업한 이후로 수학에 관해 거의 생각하지 않고 살아 왔지만, 수학적 상상력을 경험해 보고 싶고, 그러한 경험을 시구(詩句)를 읽고 이해하는 데 쓰이는 상상력과 비교해 보고자 하는 독자들을 위해 쓰였다고 할 수 있다.

이 책을 읽는 데 특별한 수학지식은 필요하지 않지만, 읽는 도중 몇 가지 계산을 위해 종이와 필기구 정도는 준비해 둘 것을 권한다(대부분 간단한 곱셈 정도의 계산이다). 우리는 앞으로 곱셈연산을 살펴볼 것이다. 곱셈을 표기하는 표준적인 방법은 세 가지가 있다. 곱하기 기호($\times$)를 사용하거나 가운뎃점($\cdot$)을 찍어도 되고, 혼돈의 여지가 없는 경우에는 곱하는 대상들을 그냥 일렬로 나열하기도 한다($a \times b \times c = abc$). 앞으로 우리가 사용할 표기법은 강조하고자 하는 대상을 반영한다.

$$2 \times 3 = 6$$

은 2에 3을 **곱하는 행위**를 강조하는 의미이고

$$2 \cdot 3 = 6$$

은 **연산 결과**를 강조하는 표기법이다. 이렇게 기호에 따라 뉘앙스는 조금씩 다르지만 2×3=6과 2·3=6은 수학적으로 완전히 동일한 연산이다. 미지수 X를 다룰 때 'X의 5배'를 표현하는 방법도 다음과 같이 세 가지가 있다.

$$5 \times X = 5 \cdot X = 5X$$

이 경우에도 $5 \times X$는 곱하는 행위를 강조하는 표기이고 $5 \cdot X$와 $5X$는 연산 결과를 강조하는 표기법이다. 간결하게 표기할 필요가 있을 때에는 $5X$와 같이 그냥 나열하는 표기법을 사용한다.

본문에는 각주와 후주가 달려 있는데, 후주는 본문의 내용을 더욱 자세하게 풀어 쓴 부가설명으로 이 내용을 이해하려면 약간의 수학적 지식이 필요하다.

옮긴이 서문

이 책의 주제는 '허수(虛數)'이다. 이름만 놓고 보면 그다지 매력적이지 않지만, 허수는 수의 한 영역을 버젓이 차지하면서 현대수학과 물리학에 없어서는 안 될 도구로 자리 잡았다. 그러나 허수는 정수처럼 직관적으로 정량화할 수도 없고 우리의 일상생활에 응용할 곳도 별로 없다. 얼핏 보면 과거 수학자들이 자신의 놀이터를 넓히기 위해 억지로 끌어들인 '수의 이방인' 같다.

나는 학창시절 수학시간에 "자신을 제곱하여 음수가 되는 수를 허수라고 한다"는 수학선생님의 충격적인 선언을 들으면서 신기함과 함께 커다란 배신감을 느꼈다. 초등학교와 중학교를 거치면서 "모든 수의 제곱은 양수이다!"라고 하늘같이 믿게 해 놓고 이제 와서 딴소리를 하다니, 그렇다면 자기 자신을 제곱하여 허수가 되는 수는 또 뭐라고 부를 것인가?

나중에 알게 된 사실이지만, 다행히도 이것은 허수의 범주에 속했다. 즉 허수가 새끼를 쳐서 또 다른 괴물을 만들지는 않는다는 것이었다. 그리고 허수에 대한 나의 상상은 이것으로 끝이었다. 대학입시를 앞둔 학생에게 "이미 검증된 내용을 나름대로 상상하여 자기 방식대로 이해하는 것"은 일종의 사치에 불과했기 때문이다.

허수는 영어로 imaginary numbers이니, 순수한 상상(imagination)의 산물이자 편의에 의해 도입된 가공의 수라 할 수 있다. 이것은 15세기 유럽의 수학자들이 처음 발견한 후로 16세기 수학자 지롤라모 카르다노(Girolamo Cardano)에 의해 본격적으로 다뤄지기 시작했고, 사람들의 머릿속에 거부감 없이 수용되기까지는 그 후로도 300여 년의 세월이 더 흘러야 했다.

이토록 오랜 세월 동안 수많은 수학자들을 괴롭혀 왔던 해괴한 수를 "자신을 제곱하여 음수가 되는 수를 허수라고 한다!"는 단 한마디로 강제주입 당했으니, 그 실체가 머릿속에 제대로 박혀 있을 리 없다. 그저 대학입시에서 점수를 더 따기 위해 반드시 알아야 할 목록 중 하나였을 뿐이다.

그 후 나는 대학 물리학과에 진학하여 현대물리학에서 양자역학(Quantum Mechanics)이라는 과목을 처음 접하게 되었고, 담당 교수님으로부터 "지금까지 배운 물리학은 모두 잊어라. 올바른 물리학은 양자역학뿐이다. 그리고 양자역학의 수학체계는 모두 허수로 이루어져 있다"는 또 한 번의 충격선언을 들어야 했다. 모든 연산자와 파동함수, 그리고 가장 중요한 슈뢰딩거의 파동방정식에 한결같이 허수(복소수)가 개입되어 있다는 것이다. 이건 또 무슨 황당한 소리인가? 그러나 양자역학은 가장 엄밀하게 검증된 물리학이므로 의심의 여지가 없다. 이제 허수는 단순한 '상상 속의 수'가 아니라 현실세계를 서술할 때 없어서는 안 될 필수품이 된 것이다. 이쯤 되면 허수의 실체가 궁금했을 법도 한데, 나를 포함한 학생들은 또 다시 체념한 듯한 표정으로 교과서를 파고들기 시작했다….

이 책의 저자인 배리 마주르(Barry Mazur)는 그야말로 상상하기 어려운 '상상력'을 동원하여 허수의 실체를 설명하고 있다. 허수가 상상의 산물이라면, 인간의 상상력은 어떤 식으로 작동하는가? 상상력을 구체화하는 원동력은 무엇이며, 그로부터 유용한 결과가 얻어지려면 어떤 조건이 충족되어야 하는가? 저자는 이런 질문의 답을 구하는 방편의 하나로 문학을 선택했다. 수학과 문학… 일견 별로 친할 것 같지 않은 분야지만, 둘 다 상상력에서 출발하여 가시적인 결과물을 내놓는다는 점에서 뚜렷한 공통점이 있다.

물론 허수는 수학적 대상이므로 수학적 언어로 서술하는 것이 가장 정확하다. 그러나 수학은 지나칠 정도로 무미건조하고 간결하기 때문에, "제곱하여 음수가 되는 수" 또는 "음수의 제곱근" 이상의 어휘를 구사하기 어렵다. 더구나 일반 독자들은 수학에서 완전히 손을 뗀 지 십수 년이 넘었을 것이므로, 이런 식의 설명은 과거에 '무력한 주입대상'으로 살아가던 쓸쓸한 추억을 상기시킬 뿐 아무런 도움도 되지 않는다.

이런 점에서 볼 때 저자의 선택은 매우 현명했다고 생각한다. 문학에서 출발하여 상상력의 실체를 풀어 가는 과정은 (현명한 가이드만 있다면) 누구나 따라갈 수 있기 때문이다.

사실 '허수'라는 하나의 주제로 책 한 권을 쓴다는 것은 결코 아무나 할 수 있는 일이 아니다. 수학에 정통하면서 문학에 대하여 해박한 지식을 갖고 있는 저자였기에 가능했을 것이다. 저자는 친구들에게 허수를 좀 더 쉽게 설명하기 위해 노력하다 보니 어쩌다가 한 권의 책이 만들어졌다고 겸손하게 말하고 있지만, 수학과 문학에서 공통분모를 찾아내는 그의 예리한 통찰력은 훌륭한 가이드로서 손색이 없다. 이제 우리는 그가 안내하는 길을 따라 훨씬 여유로운 마음으로 수학로(數學路)를 산책하며 주변 풍경을 마음껏 감상하면 된다.

언제 우리가 수학을 앞에 놓고 이런 여유를 만끽할 수 있었던가?

2008년 2월 박병철

일러두기

1 각주(*)는 본문 하단에 있으며 후주(1, 2, 3)는 책의 뒷부분에 있다. 후주는 인용한 내용의 출처와 참고할 만한 내용을 담고 있다.

2 이 책에 나오는 외국 인명이나 지명은 '국립국어연구원 외래어 표기법'을 따라 표기하되 이미 굳어진 인명 등 몇 가지 경우에 한해서는 관용에 따랐다. 이는 타 한글 자료 및 정보들을 상호 참조할 경우 독자들의 편의와 이해를 돕기 위함이다.

1 상상력과 제곱근

1. 상상해 보자

로댕(Rodin)의 〈생각하는 사람〉을 떠올려 보자. 우리는 앉은 자세로 팔을 다리에 괼 때 오른쪽 팔꿈치를 오른쪽 다리로 가져간다. 그러나 〈생각하는 사람〉은 오른쪽 팔꿈치를 왼쪽 다리에 괴고 있다.[1] 그래서 그의 자세는 매우 불편해 보이고 몸의 근육도 긴장되어 고뇌하는 모습이 더욱 강조되는 듯하다. 그런데 우리는 상상력의 작용을 정말로 **느낄** 수 있을까?

상상으로 얼마나 많은 것을 경험할 수 있는지 곰곰이 떠올려 보라. 예를 들어 책을 읽을 때 우리의 상상력이 얼마나 즉각적으로 발휘되는지 생각해 보자. 일레인 스캐리(Elaine Scarry)는 상상하는 행위에 상응하는 "경험을 느낄" 수 없다고 말했다.[2] 물론 우리는 우리가 읽고 있는 내용이 우리 자신에게 미치는 **영향**을 경험할 수 있다. 스캐리는 우리가 다음과 같은 시구를 읽는다면

튤립의 노란빛(The yellow of the tulip)[3]

마음의 눈을 통해 그 이미지를 형상화하고, 그로부터 야기되는 감정의 변화를 경험한다고 했다. 그러나 스캐리는 이미지가 형상화되는 것 자체를 느끼는 것은 불가능하다고 말했다. 이 문제는 나중에 다시 생각해 보기로 하자.

책을 읽는 것과 우리 스스로 무언가를 생각해 내는 것은 분명히 다른 행위이다. 라이너 마리아 릴케(Rainer Maria Rilke)는 인간의 상상력에 대해 논하면서 다음과 같은 비유를 들었다.

우리는 보이지 않는 벌(bees)이다.[4]

이 말은 인간의 상상력이 전적으로 **느낄 수 없는 것**(스캐리의 주장)도 아니고, **비틀어진 것**(로댕의 주장)도 아니라는 뜻이다. 상상의 세계에 존재하는 꿀은 공짜로 얻을 수 없다. 꿀을 얻으려면 어떤 일을 해야 한다. 그러나 꿀을 찾아 이곳저곳을 돌아다니고, 우리를 벌과 동일시하고, 춤을 추면서 벌들에게 우리가 무엇을 했는지 그리고 어디에 있었는지를 전달하고, 마침내 반짝이는 꿀로 그들을 데려가는 것은 진실을 왜곡하는 행위가 아니다. 인간을 벌에 비유한 것은 바로 이런 의미를 담고 있다.

상상력 그 자체를 상상하는 것은 어려운 일이다. 머릿속의 상상은 엄청나게 빠르고 효율적으로 진행되기 때문이다. 상상력은 우리를 위해 헌신하는 재빠른 요정과도 같다. 지금 당장 코끼리 한 마리가 필요한가? 바로 여기에 있다.

(이 곳에 당신이 원하는 코끼리를 그려 보라)

당신은 "튤립의 노란빛"이라는 시구를 읽는다. 그러면 마음속의 영상 스크린에 노란색 이미지가 떠오른다. 그런데 우리의 요정이 무엇을 가져와야 할지 헷갈릴 때, 상상력을 더욱 생생하게 느낄 수 있다. 당혹스러움과 기대감이 반반씩 섞여 있을 때, 예를 들어 새로운 이미지나 관점이 그 모습을 막 우리에게 드러내려고 할 때 우리의 상상력은 더욱 강한 위력을 발휘한다. 그러나 상상의 세계는 자발적으로 그 모습을 드러내지 않는다. 우리가 그것을 잡아내어 구체화해야 한다.

그런 순간들은 파도가 넘실대는 상상의 바다와 같다. 흔들리는 배 위에서 낚싯줄을 드리우면 손맛이 느껴지지만, 무엇이 걸려 올라올지는 알 수 없다. 전갱이가 낚일지, 연어가 낚일지, 또는 누군가가 버린 장화가 걸려 올라올지 무슨 수로 알겠는가? 그러나 무언가가 걸렸다는 느낌만은 분명하게 전해질 것이다.

나는 그러한 손맛에 해당하는 특정한 사례를 '다시' 경험함으로써 우리의 내면에서 상상력이 구체화되는 과정을 살펴보고자 한다. 이러한 사례들은 수학사에서 찾아볼 수 있다. 그것은 **서서히 떠오르**

는 상상력의 작용을 보면서 무언가를 끊임없이 예견하는 순간이라고 표현할 수 있다. 사실 300년이 넘는 기간을 순간이라고 표현하는 것은 적절치 않다. 그리고 예견이라는 단어는 지나치게 진보주의적이고 개인적인 뉘앙스를 풍기는데, 무언가를 예견하는 '행위'가 단 한 사람의 마음속에서 완벽하게 이루어지는 일은 거의 없기 때문이다. 수학사에는 "보이지 않는 벽"이 많다.

우리는 아이디어를 처음 제안했던 원조들과 전혀 다른 방식으로 어떤 아이디어를 상상할 수 있다. 물론 과학자나 예술가들은 우리의 선조들이 단 한 번도 떠올리지 않았던 생각들을 수시로 떠올리고 있다. 첼리스트 요요마(Yo-Yo Ma)는 예술가의 일이란 극단의 세계를 여행한 후 그 경험을 전달하는 행위라고 말했다.[5] 그리고 릴케도 이와 비슷한 감상을 표현했다. "예술작품이란 언제나 더 이상 갈 곳이 없는 극단의 세계에서 만들어진 결과물이다."[6]

"튤립의 노란빛"은 머릿속에서 곧장 떠올릴 수 있지만, '음수의 제곱근'과 같은 추상적인 개념은 적절한 기하학적 해석이 제시되지도 않은 상태에서 지난 300여 년 동안 수학자들에 의해 일상적으로 사용되어 왔다. 대상을 양수로 한정짓는다면 어렵지 않게 제곱근의 개념을 이해할 수 있다. **양수의 제곱근**이란 제곱하면 원래의 수가 되는 수를 의미한다.

모든 양수는 오직 하나의 양의 제곱근을 갖고 있다. 예를 들어 4의 양의 제곱근은 2이다. 그렇다면 2의 양의 제곱근은 얼마인가? 정확한 값은 모른다 해도 그 답이 $\sqrt{2}$라는 것쯤은 누구나 알고 있을 것이다. 그렇다면 다음의 식을 이용하여 $\sqrt{2}$의 구체적인 값을 계산해 보자.

$$(\sqrt{2})^2 = \sqrt{2} \cdot \sqrt{2} = 2$$

$\sqrt{2}$는 3/2보다 작을 것인가? 독자들은 $\sqrt{3} \cdot \sqrt{5} = \sqrt{15}$가 되는 이유를 이해할 수 있겠는가?

양의 제곱근은 기하학에서 선의 길이를 계산할 때 자주 등장한다. 예를 들어 $\sqrt{2}$는 한 변의 길이가 1인 정사각형의 대각선 길이에 해당한다.

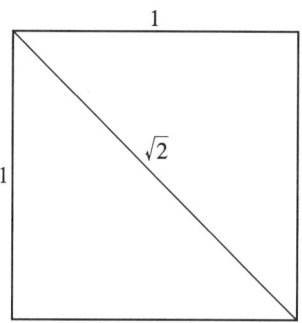

또는 넓이가 A인 정사각형이 있을 때, 한 변의 길이는 아래 그림과 같이 $\sqrt{A}$로 주어진다.

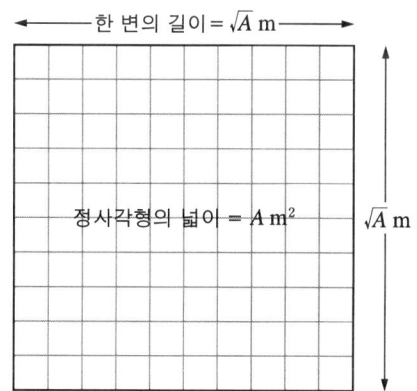

양의 제곱근으로 표현되는 정사각형 한 변의 길이

정사각형의 내부를 채우고 있는 작은 정사각형 하나의 넓이를 $1m^2$이라고 가정하면 전체 정사각형의 넓이는 100m²이다. 이 값은 한 변의 길이인 $\sqrt{A}$, 즉 10m를 제곱한 결과이다.

플라톤의 《메논(*Meno*)》[7]에서 소크라테스는 한 노예 소년에게 정사각형 하나가 주어졌을 때 넓이가 2배인 정사각형을 작도하라는 문제를 낸 후 다음과 같은 도형을 힌트로 제시한다.

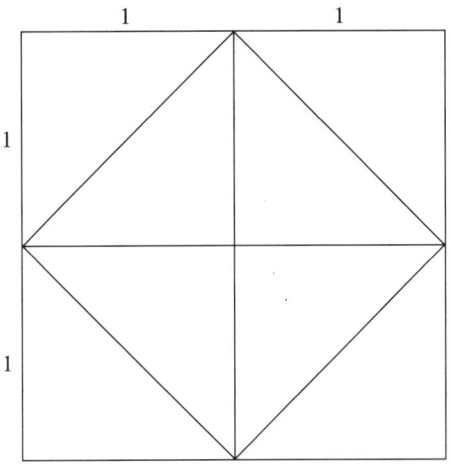

이 그림은 한 변의 길이가 1인 정사각형(넓이 = 1) 4개를 붙이면 한 변의 길이가 2인 정사각형(넓이 = 4)이 만들어진다는 간단한 사실을 보여 준다. 그런데 내부에 있는 4개의 정사각형에 대각선을 그려 넣으면 또 하나의 정사각형을 만들 수 있다. 그리고 그림에서 알 수 있듯이 새로 작도한 정사각형의 넓이는 커다란 정사각형 넓이의 반이다. 즉 45° 기울어져 있는 정사각형의 넓이는 2이다. 그렇다면 이 정사각형의 한 변의 길이는 과연 2의 양의 제곱근, 즉 $\sqrt{2}$인가?

이 그림에서 기울어진 정사각형의 각 변은 조그만 정사각형 (1×1)의 대각선이기도 하다. 따라서 각 변의 길이가 1인 정사각형의 대각선은 $\sqrt{2}$의 길이를 갖는다는 결론을 내릴 수 있다.

과거 수학자들은 제곱근을 '정사각형의 한 변의 길이'라고 생각했다. 16세기 이탈리아 수학자들은 제곱근을 간단히 **라토**(*lato*)라고 불렀는데, 이 말은 '변(邊, side)'이라는 뜻의 라틴어였다. 이렇게 생각하면 음수는 제곱근을 가질 수 없을 것 같다. 양수이건 음수이건 간에, 모든 수를 제곱하면 양수가 되기 때문이다. 여기서 몇 걸음 더 나아가 수의 체계를 더욱 면밀하게 분석할수록 음수가 제곱근을 갖지 않는다는 것은 더욱 분명해진다.

이와 같이 제곱근을 기하학적인 관점에서 생각해 보면 음수의 제곱근을 묻는 질문은 다음과 같은 질문으로 바뀔 수 있다. "0보다 작은 넓이를 갖는 정사각형의 한 변의 길이는 얼마인가?" 불교의 선(禪)수행 방법 중 하나인 간화선(看話禪)의 화두를 연상시키는 이 질문에 기하학적 답이란 있을 수 없다.[8] 그러나 수학자들은 음수의 제곱근이 **유용하게** 사용될 수 있음을 오래 전부터 인식하였다. 그러나 음수의 제곱근을 처음 사용한 이들은 그렇게 공허한 대상을 떠올리는 것을 내켜하지 않았다. 이 괴상한 제곱근은 imaginary numbers라고 불렸으며, 이 이름에는 **실재하는** 수학적 대상들 사이에 위치시킬 수 없다는 의미가 담겨 있다.

그리고 얼마 지나지 않아 음수의 제곱근을 시각화하는 놀라운 방법들이 개발되었다. 머릿속에 그릴 수 없는 이 '수'를 상상하는 방법은 두 사람(혹은 세 사람 이상)의 수학자에 의해 거의 동시에 발견되었다.* 이렇게 곤혹스러운 개념을 상상할 수 있게 되었다니, 이 얼마나 놀라운 일인가!

　현대 수학자들은 허구의 대상을 상상의 세계에서 구체화하는 작업을 거의 일상사처럼 수행하고 있다. 수학자들뿐만 아니라 미적분학을 다루는 공학자들과 물리학자들도 허수의 개념을 다양한 방법으로 활용하고 있다.

　이 책의 주된 목적은 수학사에 관한 설명을 제시하는 것이 아니다.** 그보다는 현실세계에 존재하지 않는 가상의 수가 발상의 전환을 통해 하나의 수학적 개념으로 자리 잡게 되는 과정을 조명하는 것이다.

　'발상의 전환'이 중요한 역할을 하는 대표적인 분야로는 시(詩)를 들 수 있다. 특히 시만이 갖고 있는 특유의 표현법은 **운율**(韻律)에 잘 나타나 있다. 시를 음미하려면 운율의 전환점에 주의를 기울여야 한다. 시를 읽을 때는 발상의 전환점에 주의를 기울이지만 수학책을 읽을 때는 결코 그런 적이 없는 독자들을 위해, 앞으로 나는 시를 음미할 때 요구되는 상상력과 수학을 연구할 때 필요한 상상력

---

*) 내 친구는 다음과 같은 사실을 지적해 주었다. 허수에 수학적 의미를 부여한 수학자들은 그 이외에는 이렇다 할 업적이 없었다(단, 흥미로운 역할을 한 르장드르(Legendre)만은 예외이다). 즉 그들 모두는 18세기 말의 강렬한 수학적 진보에서 벗어나 있었기 때문에 그들이 떠올린 이미지는 '허공에', '공적 영역'에 있었으며, 그 소문은 오일러와 그의 동료들의 귀에 들어갈 정도로 널리 퍼져 있었다. 어쨌거나 떠도는 소문으로부터 개념을 정리하여 수학사에 이름을 남기려면 수학적 통찰력도 있어야겠지만 그와 함께 어느 정도의 운도 따라 주어야 한다.

**) 수와 관련된 수학사에 대하여 알고 싶은 독자들은 이 책의 끝부분에 첨부된 '더 읽을 책'을 참조하기 바란다.

을 번갈아 언급하면서 둘 사이의 공통점을 강조할 것이다.

일단은 허수를 처음 마주쳤던 수학자들의 불편한 심정부터 느껴 보자. 그런 뒤에 수에 대한 발상의 전환과 새로운 관점이 허수라는 개념을 길들이는 데 어떤 도움을 주었는지 살펴볼 것이다. 독자들은 이런 과정을 거치면서 나름대로 상상력을 발휘하여 새로운 발상의 전환을 경험하게 될 것이다. 그리고 마지막 단계에서는 수에 대한 새로운 태도가 서로 분리된 직관들을 통합하고, 16세기 수학자들을 당혹스럽게 했던 놀라운 공식을 해석하는 데 기여한다는 것을 보게 될 것이다.

수학적 지식이 부족하다고 해서 포기할 필요는 전혀 없다. 이 책을 읽는 데 필요한 수학지식이라고 해 봐야 약간의 곱셈과 대입법, 그리고 고등학교 초급과정에서 배우는 기초대수학이 전부이다. 후주에 나와 있는 예제들을 직접 풀거나 따라갈 정도의 능력만 있으면 충분하다.[9]

그러면 지금부터 우리의 상상력이 어느 정도의 능력을 갖고 있는지 알아보기로 하자.

2. 상상력

수학에 관한 어떤 논문은 다음과 같은 권고로 시작한다.

완전 대칭형으로 나열된 점의 배열을 ⋯ *상상해 보라*.[10]

그런가 하면 셰익스피어의 《헨리 5세(*Henry V*)》의 서막에서 코러스(Chorus)는 관객에게 다음과 같이 말한다.

> ···당신의 상상력을 발휘하여
> 이 위대한 이야기에 담긴 뜻을 음미해 보라.

또한 폴 스콧(Paul Scott)의 《*The Raj Quartet*》은 독자에게 다음과 같이 요구하면서 시작한다.

> 비비가정원의 담 그림자가 깊게 드리워진 어두운 평원을 달리는 소녀의 모습을 **상상해 보라**.[11]

상상해 보라니, 이 얼마나 곤혹스러운 지시인가! 무엇을 어떻게 하라는 말인가? 그리고 과연 우리는 상상을 표현할 만한 언어를 가지고 있는가?

상상을 의미하는 영어 단어 imagination은 라틴어에서 유래했다. 그러나 부수적으로 '상상의 대상'을 의미했던 라틴어 *visio*의 주된 의미는 'sight'였다. 상상력에 관하여 자세한 논의(또는 그와 관련된 포괄적인 역사와 논평)를 알고 싶은 독자들은 에바 브란(Eva Brann)의 《상상력의 세계(*The World of the Imagination*)》를 참조하기 바란다.[12] 퀸틸리안(Quintilian)은 라틴어 *visio*의 그리스 어원을 다음과 같이 설명하였다.

> 그리스인들이 말하는 '*phantasies*'는 영어의 'sight'에 해당한다. 무형의 이미지는 sight를 통해서 마음속에 구체적인 상으로 자리 잡게 된다.[13]

sight를 '상상의 대상'으로 해석한 퀸틸리안의 정의는 그런 대로 실용적이라 할 수 있다. 여기에는 우리가 이전에 본 경험이 있지만 지금은 존재하지 않는 것들도 포함되어 있다. 그러나 이 정의에는 유니콘이나 스핑크스와 같이 몽상가들이 만들어 낸 가상의 존재들은 포함되어 있지 않다.

독자들은 퀸틸리안의 정의를 확장하여 상상력이란 "다수의 추상적 관념들을 하나의 이미지로 합치는"[14] 능력을 의미한다는 제러미 벤담(Jeremy Bentham)의 논지를 따라갈 수도 있다. 상상력에 대한 벤담의 정의는 퀸틸리안의 정의보다 한 걸음 더 나아간 것이지만, 제아무리 상상의 나래를 펼친다 해도 기존의 이미지로 시각화할 수 없는 대상은 항상 존재하기 마련이다.

또한 상상력이 마음속에 저장되어 있는 비디오테이프들을 정리정돈 하는 미미한 역할밖에 하지 못한다는 벤담의 주장은 인간의 상상력을 고결한 능력으로 여겼던 워즈워스(Wordsworth, 1770~1850)의 생각과 상충된다. 워즈워스는 단순한 사실들이 상상력을 통해 "무한한 가치를 지니게 되며, 상상력이 없다면 시도 없다"[15]고 생각했다. 워즈워스에게 상상력이란 금으로 만들어진 단순한 결혼반지를 영원한 결합의 상징물로 바꾸는 탁월한 연금술이었던 것이다.

퀸틸리안과 벤담, 워즈워스 등과는 달리, "상상력이란 너무 많은 것을 의미하기 때문에 실은 아무것도 가리키지 않는 이름에 불과하다"[16]면서 상상력의 기능을 무시하는 이들도 있다. 과연 상상력은 이름만으로 존재하는 것일까? 콜리지(Coleridge)는 《문학적 자서전(Biographia Literari)》에서 그가 상상력이라고 부른 것과 공상이라고 부른 것을 구별했는데, 공상은 "실로 시공간의 질서로부터 해방된 기억양식에 불과하다."[17] 어떤 집단에서 상상력이라는 개념(또는 적어도 이와 관련된 아이디어)은 철학적인 의문을 야기하며, 또 다른 집단에서는 종교적인 두려움을 조성하기도 한다. 예를 들어 최근 보고된 고등학교 역사교과서의 분석 결과에 의하면 종교적 권리를 충족시키기 위해 교과서에서 '상상하다'라는 단어를 거의 대부분 삭제했다고 한다. 이 점에 관하여 맥그로우-힐(McGraw-Hill) 출판사의 한 편집자는 다음과 같이 말했다. "우리는 '상상하다'라는 단어의 사용을 가능한 한 억제하고 있다. 텍사스 주민들은 '상상하다'라는 단어를 '마법'과 연관 짓는 까닭에 종종 반기독교적인 뜻으로 오해하는 경우가 있기 때문이다."[18]

그럼에도 우리의 지성이 겪는 경험들 중에는 상상력의 특성을 반드시 이해해야만 설명될 수 있는 것들이 많다.

3. 읽는 것을 상상하기

우리가 책을 읽을 때, 마음의 눈은 흰 종이와는 제법 다른 무언가를, 바로 검은색 잉크를 본다. 존 애쉬베리(John Ashbery)의 산문시 〈그것이 무엇이건, 당신이 어디에 있건(*Whatever It Is, Wherever You Are*)〉에는 다음과 같은 대목이 등장한다.

> 튤립의 노란빛은 잠시 동안 보는 이의 눈을 자극하지만, 그 순간이 지나고 나면 상상력이나 연산 작용은 마치 제거된 기억처럼 더 이상 작용하지 않게 된다.

또한 그는 **글쓰기의 발명가들**에 대하여 다음과 같이 언급하였다.

> 무슨 목적이었는지 그들은 너무나 효과적으로 음영을 넣어, 그

아래에 있던 빛나는 표면을 여전히 빛나면서도 너무나 변화무쌍하고 너무나 생기발랄한 것, 마치 유사(流沙)와 같은 것으로 탈바꿈시켜서 거기에 발을 내딛으면 찢어지기 쉬운 불확실성의 그물을 지나 확실성의 수렁에 빠지게 될 것이다….

이것은 읽는 행위로 불러낸 이미지들이 마음속의 스크린을 비추고 "열이나 빛을 수반하지 않는 확실성"[19]을 전달한다는 것을 암시한다. 스캐리는 튤립의 노란빛의 "쾌활함"이 확신을 강요하고, 그것의 갑작스런 출현이 "이미지가 만들어지는 경험을 느끼는" 것을 방해한다고 했다. 여기서 잠시 그녀의 말을 들어 보자.

> 상상력을 이루는 구성요소는 그것을 떠올리게 하는 대상뿐이다. 그러므로 상상은 대상을 통해야만 이해될 수 있으며, 상태와 대상의 이중적 구조로 쉽게 분리되지 않는다는 점에서 다른 정신적 상태들과는 다르다.[20]

스캐리는 "정신적 상태와 대상"이 결합되어 있는 이중적 구조가 의미하는 바를 설명하기 위해 '꽃에 대한 상상'과 '지진에 대한 두려움'을 대조했다. 스캐리는 지진을 두려워하는 마음은 두 가지 부분으로 이루어져 있다고 했는데, 상상된 두려움의 대상과, 내면에서 이러한 두려움을 경험하는 것이 그것이다. 스캐리는 이와는 반대로 꽃을 상상할 때에는 꽃이라는 상상의 대상만 존재할 뿐, 꽃과 분리된 상상력의 작용을 내면에서 경험할 수는 없다고 했다.

이것은 놀라운 주장이 아니다. 왜냐하면 상상 속에서가 아니라 실제로 커피 향을 맡아 본 사람이라 하더라도, 내면에서 커피 향을 맡는 경험을 할 때 실제로 후각을 사용하는 것은 아니기 때문이다.

그런데 스캐리는 이러한 생각을 오랫동안 고수하지 않았다. 스캐리의 산문시를 읽어 보지 않은 독자들을 위해 자세한 설명은 생략하겠다. 그렇다면 우리는 스캐리가 말하는 상상력의 작용을 어떻게 확인할 수 있을까? 이 질문을 염두에 두고 수학적인 문제로 관심을 돌려 보자.

4. 수학적 문제들과 제곱근

앞서 언급한 대로, 제곱근은 간단한 기하학 문제의 답을 구하는 수단으로 처음 등장하였다. 수학에 관심 있는 독자라면

$$\sqrt{\sqrt{52}+2}$$

(이 값은 약 3.03이다)와 같이 16세기 이탈리아의 대수학자들이 마주쳤던 더욱 복잡한 제곱근에도 익숙할 것이다.[21] * 이탈리아 수학자들이 남긴 서적을 읽다 보면 혀를 내두를 정도로 복잡한 수학문제들이 '실용적'이라는 미명하에 길게 나열되어 있는 것을 종종 볼 수 있다.

> 어떤 왕이 지방 총독에게 128,000아우레우스를 하사했고, 총독은 그 돈으로 7,000명의 보병과 7,000명의 기마병을 고용하였다. 100아우레우스로 고용할 수 있는 보병의 수는 같은 돈으로 고용할 수 있는 기마병의 수보다 18명 더 많다. 어느 날 한 사령

---

*) 제곱근, 세제곱근, 네제곱근 등은 $\sqrt[2]{\ }$, $\sqrt[3]{\ }$, $\sqrt[4]{\ }$ 등으로 표기한다. 단 제곱근의 경우에는 일반적으로 숫자 2를 생략한다(즉 $\sqrt{\ }$ 와 $\sqrt[2]{\ }$ 는 의미가 같다).

관이 총독을 찾아와 보병 1,700명과 기마병 200명을 더 고용해야 한다며 추가지원을 요구했다. 그의 계산에 의하면…. [22]

만일 이 문제가 마음에 들지 않는다면 더욱 오래된 문제에 도전해 보라. 바스카라(Bháskara, 12세기 인도의 수학 및 천문학자)가 집필한 《비자-가니타(*Vija-Gan'ita*)》에는 다음과 같은 문제가 등장한다(콜브룩(Colebrook)의 《알제브라(*Algebra*)》 참조).

한 무리 벌떼의 절반의 제곱근에 해당하는 수가 자스민 시럽 속으로 날아들었다. 그리고 전체의 8/9에 해당하는 벌들은 벌집 속에서 일을 하고 있으며, 무리에서 이탈한 한 쌍의 암-수벌이 로토스 열매 주위를 맴돌며 사랑을 나누고 있다. 그렇다면 벌떼는 모두 몇 마리인가? [23]

16세기 이탈리아 수학자들은 더욱 일반적인 문제에 적용할 수 있는 특수한 해법들을 제안하였는데, 이 과정에서 $\sqrt{-1}$의 필요성을 간절하게 느꼈다.[24] 특히 당시의 수학자들을 당혹스럽게 만들었던 것은 $\sqrt{-1}$과 같은 이해할 수 없는 수를 이용해야만 현실적인 문제들을 완벽하게 풀 수 있다는 점이었다. 이것은 브루클린에서 보스턴으로 가는 지름길을 발견했는데, 도중에 저승으로 내려가야 하는 것만큼이나 사람을 당혹스럽게 한다.

16세기 수학자들이 $\sqrt{-1}$과 같은 허구의 수를 이용하여 해결했던 문제의 구체적인 (이론적으로는 가능하지만 실용적이지는 않은) 사례를 들어 보자.

누군가 당신에게 수조용 물탱크에 관하여 다음과 같은 정보를 알려 주었다. 물탱크의 부피는 25피트^{3}이며, 깊이는 너비보다 1피트 길고, 높이는 깊이보다 1피트 길다. 이로부터 물탱크의 (정확한) 규격(높이, 너비, 깊이)을 구하라.

앞에서 실용적이지 않다고 말한 이유는 $\sqrt{-1}$을 사용하여 얻은 해가 이론적으로 가능한 해일 뿐, 현실적인 해는 아니기 때문이다. 물탱크의 크기를 아는 것보다 물고기들을 돌보는 것이 더욱 중요한 일이라면, 대략적인 해만 알아도 크게 문제될 것은 없다. 이런 경우에는 몇 개의 값을 대입해 보면서 약간의 시행착오를 거치면 어렵지 않게 '근사적인 해'를 구할 수 있다(물탱크의 너비는 약 24.5인치이다. 1피트 = 12인치). 그러나 우리의 목적은 '정확한 해'를 구하는 것이고 그 과정에서 해의 개념적인 구조를 이해하는 것이다. 일부 독자들은 이렇게 반문할지도 모른다. "아니, 기껏해야 답은 하나의 숫자에 불과할 텐데, 거기에 무슨 **개념적인 구조**가 있다는 말인가?" 서둘지 말고 기다려 보라.

수학자들을 혼란스럽게 하는 해는 16세기 이전에도 자주 등장했다. 니콜라스 슈케(Nicolas Chuquet, 1445~1488)는 1484년에 수고(手稿)《수의 과학에 있어서의 세 부분(*Le Triparty en la science des numbers*)》에서 자신을 세 배한 값과 자신을 제곱하여 4를 더한 값이 같은 수($3X = X^2 + 4$)를 계산하였다. 그가 얻은 해를 현대식 기호로 표기하면 다음과 같다.

$$\frac{3}{2} + \sqrt{-1.75} \text{ 와 } \frac{3}{2} - \sqrt{-1.75}$$

슈케는 이 문제의 해가 존재하지 않는다고 결론지었다. 왜냐하면 그의 표현에 따르자면 위와 같은 답은 "불가능하기"[25] 때문이다. 해의 범위를 '일상적인 수'로 한정 짓는다면 이것은 분명히 옳은 결론이다. 그런데 왜 슈케는 굳이 위와 같은 해를 언급한 것일까? 이 값을 문제에 대입해 보면 그 이유를 알 수 있다. $3/2 + \sqrt{-1.75}$를 제곱하여(일반적인 대수법칙과 제곱근 기호의 원래 정의를 따르면 된다. 즉 $\sqrt{-1.75}$의 제곱은 $-1.75 = -7/4$이다) 4를 더하면, 그 결과는 $3/2 + \sqrt{-1.75}$의 세 배와 정확하게 일치하기 때문이다.[26]

슈케가 불가능한 줄 알면서도 $\sqrt{-1.75}$를 포함하는 수를 하나의 해로 제시한 반면, 이탈리아의 수학자들은 주로 현실적으로 가능한 해('일상적인 수', 즉 실수)만을 다루었지만 때때로 그 과정에서 $\sqrt{-1.75}$와 같은 숫자들이 등장하곤 했다.

5. 수학적 문제란 무엇인가?

문제는 질문과 다르다. 우리는 때때로 "파이 한 조각 더 드시겠습니까?"와 같이, 상대방으로부터 쉽게 대답을 들을 수 있을 거라고 기대하면서 질문한다. 이와 달리 우리는 답을 얻기 위해 정신을 확장할 필요가 있을 경우에만 문제를 제기한다.

아리스토텔레스는 《형이상학(*Metaphysics*)》에서 질문의 범주를 '무엇인가?', '어떤 방법으로?', '어떻게?', '왜?'로 분류하였다. 그러나 질문과 문제는 다르다. 문제는 이런 식으로 간단히 분류할 수 없다. 문제에 답하려면 창의력을 발휘해야 한다. 제프리 초서(Geoffrey Chaucer)의 작품 《캔터베리 이야기(*Canterbury Tales*)》

중 '소환자의 이야기(The Summoner's Tale)'[27] 편에서 영주는 다음과 같이 자문한다.

> 그 천한 자가 대체 무슨 꿍꿍이로
> 수도승에게 그런 문제를 냈단 말인가?

문제는 교실의 대들보이며, 학생들은 책상에 웅크린 채 자기 스스로가 아니라 남이 제기한 문제들을 해결하느라 진땀을 흘리고 있다.

최고의 수학문제는 사람들의 관심을 집중시킨다. 문제의 이면에 아이러니가 숨어 있기 때문이다. 문제 출제자는 대개 "이것을 풀어보라!"는 명확한 지시를 내린다. 아마도 그것은 방정식일 것이다. 당신은 다른 선택의 여지가 없으므로 어쩔 수 없이 문제를 푼다. 그러나 그것이 정말로 좋은 문제였다면, 당신이 구한 답은 지금까지 한 번도 달성하지 못했던 수준으로 올라설 수 있는 초대장이 될 것이다. 이런 문제를 풀다 보면 종종 더욱 깊은 의문이 떠오르곤 한다. 즉 좋은 문제는 당신의 상상력을 확장시키는 자극제이자, 새로운 상상의 세계로 당신을 인도하는 초대장인 것이다. 교과서에 실려 있는 좋은 문제들과 유서 깊은 수학문제들도 대부분 이런 부류에 속한다. 3차원 기하학에서 제기된 후로 지금까지 해결되지 않은 채 남아 있는 **푸앵카레의 추측**(Poincaré conjecture)이 그 대표적인 사례이다.[28] 푸앵카레의 추측은 3차원 공간의 특성에 대하여 명확한 주장을 하고 있으며, 수학자들은 추측의 진위 여부를 알아내기 위해 지금도 부단히 노력하고 있다(푸앵카레의 추측은 2002년 러시아 수학자 그리고리 페렐만(Grigori Perelman)이 증명하였다 : 옮긴이). 그러나 참, 거짓의 여부보다 더욱 중요한 것은 푸앵카레의 추측이 우리를 자극하고 앞으로 나아가도록 한다는 사실이다. 이 문제와 씨름을 벌이다 보면 3차원 공간에 대한 직관을 확장할 수 있다. 독자들은 이렇게 반문할지도 모른다. "3차원 공간의 특성은 이미 잘 알려져 있지 않은가? 우리는 스웨터를 입거나 벗을 수 있고 두 가닥의 줄을 매듭으로 묶을 수 있으며, 파티에서 춤을 추거나 산과 동굴을 탐험할 수도 있다. 이 모든 것은 3차원 공간 안에서 벌어지는 일들이다. 여기에 무엇이 더 필요하다는 말인가?" 그렇다. 더 필요한 것이 있다. 푸앵카레의 추측은 3차원 공간에 '플루스 울트라(plus ultra)'*가 아직 남아 있음을 강하게 시사하고 있다. 즉 더욱 상상력을 발휘해야 찾을 수 있는, 3차원 공간에 관한 직관을 개선할 방법들이 어딘가에 있다는 것이다.

---

*) 아메리카 대륙을 발견하기 전에 에스파냐 왕실 군대의 모토는 *Ne plus ultra*였는데, 이 말은 에스파냐가 지금까지 알려진 세계의 서쪽 경계라는 뜻이었다. 그러나 아메리카 대륙이 발견된 후 아라곤과 카스티야의 왕위를 계승한 찰스 5세(Charles V)는 기존의 모토에서 *Ne*를 빼고 *plus ultra*를 새로운 모토로 삼았다.

 제곱근과 상상력

6. 제곱근이란 무엇인가?

1장에서 언급한 대로 2의 양의 제곱근($\sqrt{2}$)은 '제곱해서 2가 되는 수'이며, 한 변의 길이가 1인 정사각형에서 대각선의 길이에 해당한다. $\sqrt{2}$의 정확한 값을 알고 싶다면 소수점 아래의 자릿수를 원하는 만큼 길게 나열할 수 있다. 소수점 아래 99번째 자릿수까지 알고 싶은가? 그 답은 아래와 같다.

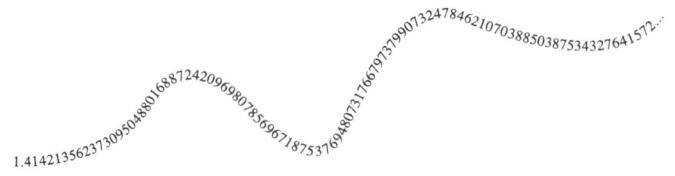

피타고라스학파는 $\sqrt{2}$가 분수(정수의 비율)로 **표현될 수 없다**는 사실을 발견하고 딜레마에 빠졌다. 그들은 우주를 이루는 기본 요소가 수라고 생각했으므로, 분수로 표현할 수 없는 수는 분명히 그들의 철학을 위협하는 존재였다. 그러나 한 변의 길이가 1인 정사각형의 대각선 길이는 누가 뭐라 해도 $\sqrt{2}$임이 분명하다. 전하는 말에 의하면 피타고라스학파는 이 사실을 외부로 발설한 사람을 처벌했다고 한다.

그 후 "$\sqrt{2}$는 분수로 표현될 수 없다"는 명제는 매우 우아한 논리로 증명되었다. 여기에는 어떠한 위험도 없으며, 논리를 따라가다 보면 일종의 환희가 느껴질 정도로 아름답기까지 하다. 지금부터 약간의 준비과정과 함께 4단계의 논리로 이루어져 있는 증명을 따라가 보자.[1] 만일 지금까지 이 증명을 한 번도 본 적이 없다면 준비과정을 반드시 읽고 넘어가기 바란다. 여기에는 증명의 전체적인 개요와 사전지식이 요약되어 있다. 그리고 각 단계의 증명은 전 단계의 증명을 이어받아 목적을 향해 나아가는 식으로 이루어져 있다. 독자들은 각 단계를 거치면서 손으로 직접 계산해 보기 바란다. 그리고 매 단계가 끝날 때마다 곧바로 다음 단계로 넘어가지 말고 다음에 등장할 내용을 미리 머릿속에 그려 본다면, 전체적인 내용을 더욱 확실하게 이해할 수 있을 것이다.

준비 $\sqrt{2}$가 두 정수의 비(분수)로 표현될 수 있다고 가정하자. 그러면 $\sqrt{2}$는 A, B라는 두 정수를 이용하여 다음과 같이 나타낼 수 있다.

$$\sqrt{2} = \frac{A}{B} \qquad (2.1)$$

앞으로 우리는 이런 식의 표현이 모순을 초래한다는 사실을 증명할 것이다. 만일 이 작업이 성공적으로 끝난다면 "$\sqrt{2}$는 식 (2.1)과 같은 형태로 나타낼 수 없다"는 결론이 자연스럽게 내려질 것이다.

또한 식 (2.1)에 등장하는 정수 A와 B는 공통인수를 갖지 않는다고 가정하자. 만일 이들이 공통인수를 갖는다면 분자와 분모를 공통인수로 나눠서 더 이상 공통인수를 갖지 않는 분수로 나타낼 수 있으므로(이런 분수를 기약분수라 한다) 문제될 것이 없다. 자, 이제 A와 B는 공통인수를 갖지 않으므로 이들이 '동시에' 짝수가 되는 경우는 없다. 둘 중 하나가 짝수라면 나머지 하나는 반드시 홀수여야 한다(물론 둘 다 홀수일 수도 있다). 이 사실을 염두에 두고, 지금부터 $\sqrt{2}$가 기약분수로 표현된다는 주장에서 수학적 모순을 찾아보자.

1단계 $\sqrt{2}$의 정의를 이용한다 : 식 (2.1)의 양변을 제곱하면 다음과 같다.

$$(\sqrt{2})^2 = \frac{A^2}{B^2} \tag{2.2}$$

그런데 제곱근의 정의에 의해 $\sqrt{2}$의 제곱은 2이므로 식 (2.2)는 다음과 같이 쓸 수 있다.

$$2 = \frac{A^2}{B^2} \tag{2.3}$$

2단계 A가 짝수임을 증명한다 : 식 (2.3)의 양변에 B^2을 곱하면

$$2B^2 = A^2 \tag{2.4}$$

이 된다. 즉 A^2은 2의 배수이므로 짝수이다. 그런데 홀수의 제곱은 항상 홀수이므로(왜 그럴까?) A^2이 짝수이면 A도 짝수이다.

3단계 B가 짝수임을 증명한다 : 2단계에서 A가 짝수임이 증명되었으므로, 지금부터 새로운 정수 C를 도입하여 A를 다음과 같이 표기하자.

$$A = 2C$$

이 관계를 식 (2.4)에 대입한 결과는 다음과 같다.

$$2B^2 = 4C^2$$

위 식의 양변을 2로 나누면 다음과 같이 이상한 관계식이 얻어진다.

$$B^2 = 2C^2$$

보다시피 이 식은 생긴 모습이 식 (2.4)와 동일하다. 그러므로 우리는 B도 짝수임을 알 수 있다.

4단계 수학적 모순을 찾는다 : 2단계와 3단계의 결과에 의하면 A와 B는 모두 짝수이다. 그런데 우리는 $\sqrt{2} = A/B$로 표현하면서 'A와 B는 공통인수를 갖지 않는다'고 가정했다. 즉 A와 B는 '동시에' 짝수가 될 수 없다(준비과정 참조). 따라서 이것은 명백한 모순이며, 이 모순은 '$\sqrt{2}$를 기약분수로 표현할 수 있다'는 가정으로부터 비롯되었다. 그러므로 $\sqrt{2}$는 두 정수의 비(분수)로 나타낼 수 없다.

~ ~ ~

논리 자체는 매우 명쾌하다. 그러나 보다시피 이 논리는 허구의 세계에서 진행되었다($\sqrt{2} = A/B$라는 거짓명제를 참으로 가정한 허구의 상태에서 결국 그것이 거짓임을 증명하였다). 마치 새뮤얼 버틀러(Samuel Butler)의 《에레혼(*Erewhon*)》(1872년에 출간된 유토피아 풍자소설. nowhere의 철자를 거꾸로 쓴 것 : 옮긴이)처럼, 논리정연한 단계를 거쳐 애초의 가정이 불가능함을 증명한 것이다. 피타고라스학파에게는 이런 논리가 낯설겠지만, 사실 이것은 **분수로 표현될 수 없는 수**라는 웅장한 수의 세계로 우리를 인도한다.

    분수로 표현될 수 없는 수들은 어떤 특성을 갖고 있는가? 기존의 숫자들(정수)로 표현할 수 없는 수라면, 대체 무엇으로 그들의 특성을 설명해야 하는가? 나는 무언가를 부정하는 결론으로 끝맺으면서 다른 한편으로 더욱 긍정적인 결과를 예시하는 수학문제를 아주 좋아한다. 예를 들어 방금 증명한 바와 같이 2의 양의 제곱근을 분수로 표현할 수 없다면 다음 질문이 자연스럽게 제기된다. 그렇다면 그 값을 어떻게 나타내야 하는가? $\sqrt{2}$로 표기하는 것이 가장 간결하지만, 엄청나게 큰 분자와 분모를 동원하여 마치 분수인 것처럼 근사적으로 표현할 수도 있고, 소수점 이하 자릿수를 길게 나열할 수도 있다. 그러나 $\sqrt{2}$를 애써 표기하는 것보다는 $\sqrt{2}$가 분수로 표현될 수 없음을 증명하는 편이 훨씬 쉽다. $\sqrt{2}$의 값을 그런 대로 정확하게 계산하려면 꽤 많은 시간이 필요하다. 구체적인 계산법은 이 책의 주제와 별 관련이 없기 때문에 생략하고, 여기서는 공식만 간단

하게 소개하고 넘어가기로 한다.[2]

$$\sqrt{2} = 1 + \cfrac{1}{2 + \cfrac{1}{2 + \cfrac{1}{2 + \cdots}}}$$

이 절의 제목은 "제곱근이란 무엇인가?"였지만 아직 우리는 만족할 만한 답을 얻지 못했다. 그래서 동일한 제목으로 하나의 절을 더 할애하여 제곱근의 정체를 추적해 보기로 한다.

7. 제곱근이란 무엇인가?

모든 양수는 제곱근을 갖고 있다. 수십 년 전만 해도 일부 초등학교에서는 나눗셈을 이용하여 제곱근을 손으로 계산하는 번거로운 방법(4.938의 제곱근 등)을 학생들에게 가르쳤다. 요즘은 계산기가 상용화되었으므로 이런 교육을 할 필요가 없다. 그저 계산기에 4.938을 입력한 후 $\sqrt{}$ 키(일부 컴퓨터에서는 SQRT키)를 누르기만 하면 액정에는 다음과 같은 답이 표시된다.

$$\text{SQRT}(4.938) = 2.222\cdots$$

그러므로 어떤 수이건 간에 '제곱근'을 알아내는 것은 전혀 어려운 일이 아니다.

그러나 제곱근을 아무리 쉽게 계산할 수 있다 해도 의문은 여전히 남는다. 도대체 제곱근이란 무엇인가? 일단 사전적인 의미는 다음과 같다.

임의의 양수 R의 제곱근은 $X^2 = R$을 만족하는 양수 X이다.

지금부터 이 양수를 $\sqrt{R}$로 표기하자. 그러면 제곱근의 정의에 의해 다음의 관계가 성립한다.

$$(\sqrt{R})^2 = R$$

그러나 제곱해서 R이 되는 수는 이것 말고도 또 있다. $\sqrt{R}$에 마이너스 부호를 붙인 $-\sqrt{R}$을 제곱해도 똑같이 R이라는 값이 얻어진다. 왜 그런가? 이 질문을 좀 더 직설적으로 바꾸면 다음과 같다. "음수에 음수를 곱하면 왜 양수가 되는가?" 이 문제는 앞으로 몇 개의 장에 걸쳐 심도 있게 다룰 예정이다.

지금 당장은 이것을 사실로 받아들이고, $X^2 = R$을 만족하는 두 번째 해도 R의 제곱근으로 인정하기로 하자. 그러면 임의의 양수 R의 제곱근은 항상 두 개($\sqrt{R}$과 $-\sqrt{R}$)가 존재하게 된다.

$$(-\sqrt{R})^2 = R$$

방금 제시한 답은 앞서 제시했던 답을 말만 바꿔서 재서술한 것에 불과하지만, 여기에는 고대 바빌로니아인들도 알고 있었던 **2차방정식의 근의 공식**(quadratic formula) 개념이 들어 있다.

8. 2차방정식의 근의 공식

앞에서 나는 니콜라스 슈케의 문제를 언급한 적이 있다(4절 참조).

이 문제를 다르게 표현하면 다음과 같다. "자신의 제곱이 자신의 세 배에서 4를 뺀 값과 같은 수를 구하라"이다. 우리가 찾고자 하는 수를 X라고 하면, 이 문제는 다음과 같은 방정식으로 표현할 수 있다.

$$X^2 = 3X - 4$$

이 식의 양변에서 $3X - 4$를 빼면 다음과 같은 형태가 된다.

$$X^2 - 3X + 4 = 0$$

이제 우리의 목적은 $X^2 - 3X + 4$를 0으로 만드는 X를 구하는 것이다.[3] 이때의 X를 2차식 $X^2 - 3X + 4$의 근(root)이라 한다.* 두말할 것도 없이, 이 식의 근은 '자신의 제곱이 자신의 세 배에서 4를 뺀 값과 같은 수'이다.

모든 2차방정식(X를 포함한 2차식 = 0의 형태로 되어 있는 등식)을 일상적인 언어로 표현하면 다음과 같다. "자기 자신을 제곱한 값이, 자신에게 어떤 상수를 곱한 값에 또 다른 어떤 상수를 더한 (또는 뺀) 값과 일치하는 수를 구하라." 이 말을 수학기호로 표현하면 훨씬 간단해진다.

$$X^2 + bX + c = 0$$

이 식을 말로 표현하면 "X의 제곱에 X의 b배를 더하고 거기에 또 상수 c를 더한 값이 0이 되는 X를 구하라"이다. 여기서 상수 b

---

*) 근(root), 다항식(polynomial) 등과 같은 용어의 의미를 알고 싶은 독자들은 후주-3을 참고하기 바란다.

와 *c*는 문제에 따라 다르게 주어질 수 있다.

통상적으로 알파벳의 앞부분에 있는 문자들(*b*, *c*)은 값이 이미 알려져 있는 상수를 뜻하고, 뒷부분에 있는 문자들(*X*, *Y*)은 미지수를 의미한다.* *b*, *c*, …와 같이 '어떤 특정한 값으로 결정되진 않았지만 이미 알고 있는 것으로 간주하는 수'와 *X*, *Y*, …와 같은 미지수를 엄격하게 구분하는 표기법은 16세기 수학자 프랑수아 비에트(François Viète)의 저서에서도 찾아볼 수 있다. 비에트에 관한 이야기는 4장에서 다룰 예정이다(사실 비에트가 사용했던 표기법은 오늘날의 방식과 조금 다르다. 그는 미지수를 대문자 모음으로 표기했고, '정해지진 않았지만 이미 알고 있는 상수'는 자음으로 표기했다).

독자들은 중-고등학교 수학시간에 2차방정식

$$X^2 + bX + c = 0$$

의 해를 구하는 일반적인 공식을 배웠을 것이다. 그것이 바로 **2차방정식의 근의 공식**으로서 구체적인 형태는 다음과 같다.

---

*) 이런 이유 때문에 수학 이외의 분야에서도 알파벳의 뒷부분에 해당하는 문자들은(그 의미가 무엇이건 간에) 앞에 나오는 문자들보다 어렵게 인식되는 경향이 있다. 예를 들어 버지니아 울프(Virginia Woolf)의 소설 《등대로(*To the Lighthouse*)》에 등장하는 램지(Ramsay)는 탐험가의 등급을 다음과 같이 매기고 있다. "*Z*는 한 세대에 한 명 정도 있을까 말까 한 경지이며, *R*에 도달하기만 해도 대단한 수준이다. 가장 낮은 등급은 *Q*이다."[4]

$$X = \frac{-b + \sqrt{b^2 - 4c}}{2} \quad \text{또는} \quad X = \frac{-b - \sqrt{b^2 - 4c}}{2}$$

2차방정식의 근의 공식

이 값이 정말로 주어진 방정식의 근인지를 확인하려면 $X^2 + bX + c$의 X에

$$\frac{-b + \sqrt{b^2 - 4c}}{2} \quad \text{와} \quad \frac{-b - \sqrt{b^2 - 4c}}{2}$$

를 직접 대입하여 0이 된다는 것을 보이면 된다.

근의 공식을 유도하는 과정은 이 책의 부록에 소개되어 있으니 관심 있는 독자들은 한번 읽어 보기 바란다(종이와 연필을 준비하여 각 단계마다 직접 계산하면 더욱 실감나게 이해할 수 있을 것이다).

단 몇 분의 시간만 투자하면 근의 공식이 의미하는 바를 이해할 수 있다. 첫째, 근의 공식은 제곱근(특히 $b^2 - 4c$의 제곱근)을 계산할 수만 있다면 $X^2 + bX + c = 0$의 형태로 되어 있는 모든 2차방정식의 근을 구할 수 있다는 사실을 말해 준다. 둘째, 2차방정식에는 일반적으로 두 개의 해가 존재한다는 것을 알 수 있다. 즉 주어진 방정식을 만족하는 X 값이 두 개 있다는 뜻이다. 이것은 임의의 양수의 제곱근이 두 개 존재하는 것과 원리적으로 동일한 현상이다!

간단히 말해서 방정식 $X^2 + bX + c = 0$을 푼다는 것은 다음의 방정식을 푸는 것과 같다.

$$Y^2 = d$$

여기서 Y는 미지수이고 $d = b^2 - 4c$이다. 이 식에서 구한 Y를 이용하여 근의 공식을 다시 쓰면 다음과 같다.

$$X = \frac{-b+Y}{2} \quad \text{또는} \quad X = \frac{-b-Y}{2}$$

물론 제곱근이 실수가 아닌 경우($b^2 - 4c < 0$)에는 위의 결과를 '현실적인 근'이라고 주장할 수 없지만, 그 외의 모든 경우에는 이런 방법으로 방정식의 근을 구할 수 있다.

    방정식을 건축에 비유한다면 대수학은 집에 해당하고 대수학과 관련된 문제는 골조의 이음매와 벽에 해당한다고 할 수 있다. 이들 중에는 하중이 실리는 부분도 있고 하중을 받지 않는 부분도 있다. 근의 공식에 의하면, 제곱근을 구하는 문제는 큰 하중을 받는 부분에 해당한다. 이런 문제를 풀다 보면 고차방정식의 더욱 일반적인 해에 대한 정보를 얻을 수 있다. 제곱근이 2차방정식의 해를 구하는 기본단계였던 것처럼, 세제곱근이나 네제곱근은 고차(3차, 4차…)방정식의 해를 구하는 첫 단계이다.

9. 음수의 제곱근은 어떤 종류의 수인가?

도입부(1절)에서 언급했던 것처럼, '일상적인' 양수나 음수를 제곱하면 양수가 된다. 그러므로 $\sqrt{-1}$ (제곱하면 -1이 되는 수)은 '일상적인' 수가 아니다. 이를 두고 "불가능한" 수라고 단정 지었던 슈케의 주장은 유럽의 수학자들 사이에 널리 수용되었으며, 12세기에 인도에서 쓰인 《비자-가니타》[5]의 해설서에도 "제곱해서 음이 되는 수는 상상할 수 없다!"고 적혀 있다.

그러나 이런 부정적인 시각에도 불구하고 $\sqrt{-1}$은 나름대로 효용성을 발휘하며 끈질기게 살아남았다. 음수의 제곱근은 대수학의 계산을 수행하는 데 매우 강력한 도구임이 밝혀졌다. 그러므로 $\sqrt{-1}$을 거부한 수학자들은 그로 인해 자신의 계산능력이 한정되는 것을 감수해야 했다. 18세기가 시작될 무렵에 음수의 제곱근은 수학에서 흔히 접할 수 있는 양이었으며, 이를 위한 대수학도 어느 정도 개발되어 있었다. 아이작 뉴턴(Isaac Newton)은 자신이 집필한 얇은 대수학 입문서에 다음과 같이 적어 놓았다. "그러므로 이 방정식은 하나의 실제적인 해와 두 개의 음수 해, 그리고 두 개의 불가능한 해를 갖고 있다."[6]

그러나 모든 것이 순조롭게 받아들여진 것은 아니었다. $\sqrt{-1}$이 나름대로 순기능을 발휘하며 수학에서 살아남고 마침내 만족스러운 '이미지'를 얻기까지는 300여 년이 걸렸다.

10. 지롤라모 카르다노

지롤라모 카르다노(Girolamo Cardano)는 $\sqrt{-1}$과 같은 '상상 속의 수'를 즐겨 사용한 수학자로 유명하다. 1501년에 이탈리아의 파비아에서 태어나 1576년에 로마에서 사망한 그는 수학 이외에도 의학과 점성술 등에 관해 많은 글을 썼다. 그의 수고는 대부분 소실되었지만, 아직까지 남아 있는 수고만 해도 책 10권 부피에 달한다. 그중 《주사위 게임에 관한 책(*Liber de Ludo Aleae*)》[7]은 도박에 관한 책으로, 퍼시 다이어코니스(Persi Diaconis)는 이 책을 두고 "도박에서 발생하는 확률적 상황들에 대한 기본적 접근방법과 일련의 계산법을 최초로 개발한 책"이라고 평가하였다.

1545년에 출간된 《위대한 술법(*Ars Magna*)》은 카르다노의 학문적 수준과 성향을 극명하게 보여 주는 대표작으로서, 그 첫 페이지는 다음과 같이 시작된다.

위대한 술법
또는
대수의 법칙
지롤라모 카르다노 지음

> 뛰어난 수학자와 철학자, 그리고 의사가 한 권의 책 속에 모였다…. 사람들은 이것을 두고 완벽한 업적이라 부른다….

이 책의 첫 번째 장에서 카르다노는 다음과 같이 적고 있다.

> 이 술법은 모든 인간적 미묘함과 언젠가는 사라지기 마련인 재능을 능가하고, 진정으로 하늘이 내린 선물이며, 인간 정신의 능력을 명확하게 알 수 있는 검사이기 때문에 누구든지 이것을 적용하면 이해하지 못할 것이 없다는 사실을 믿게 될 것이다.[8]

보다시피 카르다노는 "술법"이 하늘의 선물이며 "모든 인간적 미묘함을 능가한다"고 주장한다. 이 술법은 "언젠가는 사라지기 마련인 재능"을 능가하는 순수한 지성이라는 것이다. 또한 카르다노는

"누구든지 이것을 적용하면 이해하지 못할 것이 없다는 사실을 믿게 될 것이다"라고 결론지었다. 이 말은 모든 수학교사가 익히 알고 있는 수학의 한 측면을 포착하고 있다. 원래 '수학(mathematics)'이라는 단어에는 수학을 가르치고 배울 수 있다는 의미가 담겨 있다(고대 그리스어로 mathematics는 '배울 수 있는 것'을 의미한다). 수학은 인간의 경험이나 언어, 그리고 사전지식 등과 상관없이 누구에게나 전수될 수 있다. 그러나 수학을 배우는 사람은 자신의 재능을 최대한 발휘해야 한다.

플라톤의 대화편 《메논》[9]에서의 수학 수업처럼, 근래에 대다수 수학교사는 수학교육에 대하여 낙관적인 시각을 갖고 있다. 오늘날 수학은 마치 한여름에 불어오는 산들바람을 맞듯이 누구에게나 교육될 수 있는 과목으로 인식되고 있다. 그러나 아무리 훌륭한 수학교사라 해도 "스스로 이해하는 능력이 부족한 학생에게도 가르칠 수 있는가?"[10]라는 질문을 떠올린다면 수학교육에 대하여 낙관적인 관점을 유지하기가 쉽지 않을 것이다.

11. 정신적 고문

카르다노는 $\sqrt{-9}$가 "3도 아니고 −3도 아닌 제3의 난해한 수"[11]라고 언급하였다. 그는 《위대한 술법》에서 −15의 제곱근을 구하는 문제에 직면했을 때에도 아무런 논증 없이 "독자들은 $\sqrt{-15}$를 머릿속으로 상상하는 수밖에 없다"면서, "정신적 고문을 피하기 위해서"[12] 후속 계산을 진행해 나갔다. 카르다노는 이 부분에서 라틴어로 *dimissis incruciationibus*라고 적어 놓았는데, 이 말은 "정신적 고문을 피하기 위해 $5+\sqrt{-15}$에 $5-\sqrt{-15}$를 곱하면…"이나 "교차항을 상쇄시키기 위해 $5+\sqrt{-15}$에 $5-\sqrt{-15}$를 곱하면…"[13]으로 해석할 수 있다.

이런 식의 곱셈을 나중에 따로 다룰 예정이지만, '교차항을 상쇄시킨다'는 말의 뜻을 이해하기 위해 약간의 계산을 수행해 보자. $5+\sqrt{-15}$에 $5-\sqrt{-15}$를 곱하면 다음과 같이 4개의 항이 등장한다.

$$5 \times 5$$
$$5 \times (\sqrt{-15})$$
$$5 \times (-\sqrt{-15})$$
$$(\sqrt{-15}) \times (-\sqrt{-15})$$

카르다노가 말한 교차항이란 두 번째와 세 번째 항을 말하는데, 보다시피 이들은 크기가 같고 부호가 반대이므로 서로 상쇄되어 없어진다. 그리고 첫 번째 항과 네 번째 항을 더하면 $25+15=40$이 된다. 즉 음수의 제곱근이 더 이상 나타나지 않기 때문에 '정신적 고문'이 사라진 것이다(또는 고문이 더 심해졌을 수도 있다!).

$$(5+\sqrt{-15}) \times (5-\sqrt{-15}) = 40$$

카르다노는 계산을 수행한 후에 "이것은 정말로 복잡한(또는 궤변적인) 계산이다"라고 덧붙였다. 카르다노를 비롯한 그 시대의 수학자들은 $\sqrt{-1}, \sqrt{-2}, \sqrt{-3}\cdots$ 등의 수들을 언급할 때 '궤변적인 음수(sophistic negatives)' 또는 *fictae*라는 단어를 사용했다. 그런데 이들은 음의 제곱근뿐만 아니라 보통의 음수들도 똑같이 *fictae*라고 불렀다. 예를 들어 카르다노는 "이 문제에는 진정한 해가 존재하지 않지만, 가상의 수까지 고려한다면 -3을 해로 간주할 수 있다"라고 적었다. 그 시대에는 음수조차도 상상하기가 어려웠다는 뜻이다. 아무튼 정말로 궤변적인 수이건, 제3의 수이건, 또는 궤변적인 음수이건 간에, 카르다노는 음수의 제곱근이 수학 계산에서 유용하게 쓰일 수는 있지만 반드시 필요하지는 않다고 생각했다. 그러나 카르다노의 제자인 라파엘 봄벨리(Rafael Bombelli)와 로도비코 페라리(Lodovico Ferrari)는 훗날 3차 및 4차방정식의 해를 표현할 때 그러한 '상상 속의 수'가 반드시 필요하다는 사실을 깨닫게 된다.

《위대한 술법》의 제2판이 출간되고 2년이 지난 후인 1572년에 봄벨리는 대수학과 관련된 방대한 논문을 발표하였다.[14] 봄벨리의 허수 계산법($+\sqrt{-1}, +2\sqrt{-1}$ 등)은 이 책의 후반부에서 자세하게 다룰 예정이다. 이 이상한 수들은 일반적인 수의 범주(양수와 음수와 같은)에 속하지 않았으므로, 봄벨리는 이들을 표기하는 새로운 방법을 만들어 냈다. 그는 $+2\sqrt{-1}$을 *più di meno*라고 표기하였는데, 이는 *più radice di meno*를 축약한 말로서 '음수의 제곱근 중 양수'라는 뜻을 담고 있다.[15] 그리고 $-2\sqrt{-1}$은 음수의 제곱근 중 음수, 즉 *meno di meno*로 표기하였다. 그의 논문에는 이 표기법이 다음과 같이 꼼꼼하게 적혀 있다.

"Più di meno   via   più di meno   fa   meno"

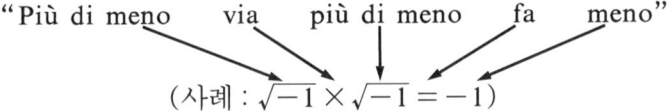

(사례 : $\sqrt{-1} \times \sqrt{-1} = -1$)

"Meno di meno   via   più di meno   fa   più"

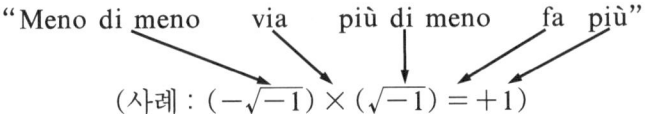

(사례 : $(-\sqrt{-1}) \times (\sqrt{-1}) = +1$)

③ 숫자 들여다보기

12. 상상의 세계는 어떻게 표현될 수 있는가?

일레인 스캐리가 내세웠던 전제를 수용한다면, 허구의 세계를 포용하기 위해 상상력을 확장하는 것을 경험적으로 느낄 수 없다. 지난 300여 년 동안 수많은 학자들이 $\sqrt{-1}$의 정체를 아무리 열심히 연구했다 해도, 우리는 상상력을 확장하는 이 웅대한 행위를 내면에서 경험할 수 없다. 왜냐하면 이해할 만한 내면의 경험이 존재하지 않기 때문이다. 우리는 그저 상상력을 발휘하기 전과 후를 인식할 수 있을 뿐이다.

    자신의 경험을 느끼는 것과 그것을 적절한 어휘로 묘사할 수 있는 것은 차이가 있다. 상상력이 가져온 다양한 성과들을 표현하고 분류하는 이들과, 상상력이 수반하는 내면의 경험을 옹호하는 사람들조차 그것을 묘사하기가 쉽지 않음을 인정하고 있다. 상상력을 어떻게든 말이나 글로 표현하려고 애쓰는 것은 (비트겐슈타인(Wittgenstein)의 이미지를 빌리자면) 찢어진 거미줄을 손으로 다시 잇는 것만큼이나 어려운 일이다.[1] 에바 브란은 상상력을 가리켜 '잃어버린 철학의 신비' 또는 "인지되지 않은 물음표"[2]라고 표현하였다.

- 그러나 상상력의 작동원리에 대하여 언급한 사람이 전혀 없는 것은 아니다. 스토아학파의 철학자 크리시푸스(Chrysippus)는 상상력이 판타스티콘(phantastikon)이라는 기본 입자로 이루어져 있다고 가정하였으며, 감각적 지각을 마음속의 밀랍판에 판타스티콘을 새겨 넣는 것에 비유하였다. 12세기 초에 수피(Sufi, 이슬람교의 신비주의자 : 옮긴이) 이븐 알 아라비(Ibn al-'Arabī)(《메카의 계시(al-Futūhāt al-Makkiyah)》의 저자. 이 책은 번역은커녕 아직 완전히 편집되지도 않았다)[3]는 상상력을 "존재"(상상력의 좁은 문)와 "비존재"(상상력의 무한히 넓은 문) 사이에 있는 **빛의 뿔**(horn of light)로 보았다.
- 그 외에도 상상력에 관한 기록은 도처에서 찾아볼 수 있다. 예이츠(W. B. Yeats)의 시 〈아담의 저주(*Adam's Curse*)〉를 예로 들어 보자.

> 나는 말했다, "시 한 줄 쓰는 데도 몇 시간이 걸린다.
> 하지만 그것이 한순간의 생각에서 나온 것처럼 보이지 않으면
> 감았다 풀었다 하는 우리의 일은 헛수고이다.
> 차라리 부엌 바닥 걸레질에 나서거나
> 가난뱅이 노인처럼 궂은 날 갠 날 가리지 않고 돌이나 깨는 편이 더 낫다.
> 달콤한 운율을 한데 엮는 일은
> 이 모든 작업보다 훨씬 더 어렵기 때문이다…"[4]

- 상상력이 진행되는 과정을 분석한 사례도 있다. 문학평론가인 존 리빙스턴 로우스(John Livingston Lowes)는 쿠빌라이 칸의 제나두(Xanadu)가 무엇을 소재로 쓰였는지를 알아내기 위해 콜리지의 노트를 면밀히 검토했다.⁵ 로우스는 콜리지 본인이 〈쿠빌라이 칸(*Kubla Khan*)〉의 창작에 관해 시의 서두에 쓴 것과 사뭇 견해가 다르다. 콜리지는 진정제를 먹고 의자에 앉아 "쿠빌라이 칸은 여기에 궁전을 지으라고 명했다…"라는 구절을 읽다가 잠들었는데, 잠든 상태에서 적어도 200~300행을 지었다고 주장한다. 그리고 이에 관해 다음과 같이 썼다. "모든 이미지가 사물이 되어 (내) 앞에 나타났고, 그와 동시에 어떠한 감흥이나 의식적인 노력 없이도 그에 상응하는 표현들을 떠올릴 수 있었다. 그것은 진정 창작이라 불릴 만하다."⁶

- "의식적인 노력"을 정확하게 서술한 자료도 있다. 시인 스티븐 도빈스(Stephen Dobyns)는 시 쓰는 것을 "닫힌 문에 기대는 행위"*라고 표현하였다. 또 다른 동시대 시인은 "시를 쓰려고 할 때"의 불안한 감정이 "편두통의 전조"⁷만큼 혼란스럽다고 썼다. "아이디어를 낳는다"는 너무나 자주 사용되는 메타포이기 때문에

---

*) 스티븐 도빈스의 *Best Words, Best Order* (St. Martin's, 1997)의 마지막 수필에는 그의 시 〈묘지의 밤(*Cemetery Nights*)〉이 쓰인 과정이 각 단계별로 상세히 서술되어 있다. "나는 일련의 시상이나 감정이 방안을 날아다니는 파리처럼 마음속을 떠다닐 때 시를 쓰기 시작한다. 나는 내 머릿속에서 리듬과 소리를 되뇌고, 슬라이드를 훑어보는 것처럼 이미지들을 훑어보고, 닫힌 문에 기대는 것처럼 관념들에 기댄다. 어떤 아이디어나 감정의 도움을 받아 갑자기 이러한 관념들을 결합할 수 있게 될 때, 시가 내게 다가온다."

우리는 더 이상 이것을 듣고 공감하지 않는다. 심지어 릴케가 이 메타포를 사용할 때도 그러하다. 릴케는 시인 프란츠 카푸스(Frantz Kappus)에게 보내는 편지에서 "모든 것은 잉태를 거친 후 태어난다"라고 썼다.

이상으로부터 우리는 다음과 같이 확신할 수 있다.

- 눈에 보이지 않는 무형의 대상들은 몇 가지 수단을 통해 상상된다.
- 상상력을 발휘하기 위한 준비과정은 무의식적으로라도 끊임없이 이루어질 수 있다.
- 상상력이 발휘되는 순간은 마치 저기압 전선을 감지하는 것처럼 감지될 것이다.

그러나 이 모든 것은 상상력이 실제로 어떻게 작동하는지에 관한 실마리를 전혀 제공하지 않는다.

13. 지성적인, 상상의, 불가능한

17세기 초에 수학자 토머스 해리엇(Thomas Harriot)은 $5 + 2\sqrt{-1}$과 같은 수를 *noeticae radices*('지성적인 제곱근' 또는 '지성의 제곱근')라고 부르면서, 음수의 제곱근을 다른 수학자들의 비난으로부터 보호하였다. 개중에는 음수의 제곱근을 오늘날처럼 '허근(imaginary roots)'이라고 부르는 수학자들도 있었다. 그러나 허수의 기하학적 근거가 밝혀진 지 반세기가 지난 후에도 허수는 여전히 수용하기 어려운 개념으로 남아 있었다. "$\sqrt{-1}$은 제곱했을 때 -1이 되는 수이다"라고 액면 그대로 이해했던 수학자 코시(A. L. Cauchy)는 1847년에 발표한 논문에서 자신의 관점이 모든 사람이 지성으로 파악할 수 있는 "상상의 이론"임을 강조하였다. 수학자 오거스터스 드모르간(Augustus De Morgan)은 1849년에 다음과 같이 썼다.

> 불가능한 수라는 이름하에 실험적으로 $\sqrt{-1}$을 사용한 것은 실험 결과가 항상 이해 가능하다는 것과 설령 그렇지 않더라도 증명 가능하다는 것을 보여 주었다. 이제 몇 가지 새로운 실험을 시도하고자 한다….

드모르간은 허수의 도입 여부를 검토하면서 "실제적인 양으로 존재하지 않는 한" 그것은 "정의에 따라 지금까지 연구되지 않은 다른 형태로 존재하는 수로 수용될 수 있다"[10]고 말했다.

코시와 드모르간의 사례에서 알 수 있듯이, 고통스러운 과정을 통해 탄생한 아이디어라 해도 허수를 이해하는 데에는 그다지 큰 도움이 되지 않는다.

14. 똑바로 보기와 곁눈질로 보기

앞서 말했듯이, 스캐리의 주장대로라면 우리는 상상의 행위가 행해지기 **전**과 **후**의 상태만을 인지할 수 있다. 과연 애쉬베리가 말한 "튤립의 노란빛"을 상상하면서 그 중간과정을 인식할 수는 없는 것일까? 마음의 눈이 **튤립**과 **노란빛** 사이를 오락가락하면서 하나의 단어가 다른 단어를 더욱 부각시키는 것은 아닐까? 이 시구에서

"노란빛"은 바로 "튤립의" 노란빛이기 때문에 더욱 눈부시게 빛나고, 튤립은 노란빛이라는 수식어 덕분에 우리의 마음속에서 더욱 신선하게 피어난다. 반 고흐의 그림 〈해바라기〉를 바라볼 때 나타나는 눈동자의 움직임을 분석하는 심리학자처럼, 우리도 이러한 마음의 움직임을 차트에 기록한 후 자신도 모르는 사이에 분석하고 있는지도 모른다.

언뜻 보기에 애쉬베리의 짧은 시구에 등장하는 튤립은 그가 전달하고자 하는 내용이 아니라 일종의 수단인 것처럼 보인다. 튤립은 오직 그 모습만을 드러내기 때문에 우리가 우연히 튤립의 색이 된 노란색을 더 쉽게 떠올리는 것인지도 모른다. 우리에게 떠올릴 수 있도록 허용된 유일한 **색**은 노란색이다. 그러나 일단 노란색을 떠올리고 나면 우리의 변덕스러운 사유는 튤립에 고정된다.

그러나 노란색을 상상하는 단순한 행위 속에도 고유한 움직임은 있다. 노란색은 태양 빛에 익숙한 우리의 눈을 쉽게 사로잡으면서 동시에 우리의 눈을 혼란스럽게 만들기도 한다.

나는 '화이트 플라워 팜(White Flower Farm)'의 1997년 가을 카탈로그를 보면서 이 기업 이름에도 불구하고 나의 눈을 사로잡는 것은 단연 노란 꽃이라는 사실을 알아차렸다. 카탈로그에는 튤립이 "연인"이라 불리며 "우리의 눈은 튤립을 순수한 태양 빛으로 본다"라고 적혀 있었다. 이것은 사실이며, 우리는 태양을 오랫동안 바라보지 못하는 것처럼 노란 튤립을 오랫동안 바라보지 못한다. 당신은 본능적으로 곧 튤립 사진에서 시선을 돌려 노란색 튤립의 보색인 자주색 튤립을 찾을 것이다. 주변의 친구들을 대상으로 한번 실험해 보라. 거의 예외가 없을 것이다. 노란 튤립이 자주색 그림자를 만든다는 말도 어디선가 들은 적이 있지만 직접 확인한 적은 한 번도 없다. 색상환에서 보색관계를 두 번 거치면 처음 시작했던 곳으로 되돌아가는가? 즉 자줏빛이 감도는 그림자 속에서 과연 노란색을 감지할 수 있을까?

15. 이중부정

대수학을 오랫동안 접하지 않은 사람들은 "음수에 음수를 곱하면 양수가 된다"는 말이 다소 생소하게 들릴지도 모르겠다. 그러나 문법에서 이중부정이 긍정을 의미하는 것처럼, 대수학에서도 음(−)의 부호가 두 번 반복되면 양(+)이 된다. 어느 날 갑자기 빚을 탕감받았다면, 그것은 새로운 자산이 생긴 것과 같다.

천 년 전에 인도의 수학자들이 발명한 음수는 원래 '기호로 표시한 부채'를 의미했다. 만일 내가 누군가에게 5달러를 빚지고 있다면 나의 장부에는 −5라는 숫자가 기록될 것이다. 그리고 3명의 채권자에게 각각 5달러씩 빌렸다면 나의 장부에는 다음과 같이 기록될 것이다.

$$3 \times (-5) = -15$$

또한 아무에게도 5달러를 빚지고 있지 않다면 장부에 다음과 같이 적을 것이다.

$$0 \times (-5) = 0$$

이제 씀씀이가 헤픈 내가 N명의 채권자에게 각각 5달러씩 빌렸다고 가정해 보자. 그러면 슬프게도 내 장부에는

$$N \times (-5)$$

라는 항목이 기록될 것이다. 그런데 어느 날 길을 걷다가 운 좋게 5달러를 주워서 채권자들 중 한 사람에게 갚았다면 나에게 돈을 받아야 할 채권자는 $N-1$명으로 줄어든다. 이 상황을 장부에 기록하면 다음과 같다.

$$N \times (-5) + 5 = (N-1) \times (-5) \qquad (3.1)$$

이 이상한 방정식에서 좌변에 있는 5를 오른쪽으로 이항시키면 부호가 바뀌면서 다음과 같이 변한다.

$$N \times (-5) = (N-1) \times (-5) + 1 \times (-5) \qquad (3.2)$$

물론 이렇게 써도 내용은 전혀 달라지지 않는다. 이 식은 "$N-1$개의 -5에 -5를 하나 더 추가하면 N개의 -5가 된다"는 사실을 말해 주고 있으며, 방정식에 들어 있는 N은 양의 정수들 중 어떤 값도 가질 수 있다. 예를 들어 애초에 3명의 채권자로부터 5달러씩 빌린 경우에는 식 (3.1)의 N에 3을 대입함으로써 상황을 파악할 수 있다.

$$3 \times (-5) + 5 = (3-1) \times (-5) = 2 \times (-5) = -10$$

또는 내게 돈을 빌려 준 사람이 4명이었다면 N에 4를 대입하여

$$4 \times (-5) + 5 = (4-1) \times (-5) = 3 \times (-5) = -15$$

가 됨을 알 수 있다.

    위에 열거한 식들은 애초에 내가 여러 명의 채권자로부터 돈을 꾸었다는 가정 하에 유도된 것이다. 즉 아직 갚아야 할 빚이 남아 있는 경우를 가정했다는 뜻이다. 그렇다면 돈을 전혀 꾸지 않은 경우에도 위의 식이 성립할 것인가? 한번 확인해 보자. 애초부터 돈을 전혀 빌리지 않았다면 $N = 0$이 되고 식 (3.1)의 우변에 있는 채권자의 수 $N - 1$은 음수가 된다. 채권자의 수가 음수라니, 이건 또 무슨 뜻일까? 그 의미는 나중에 생각하기로 하고, 어쨌거나 식 (3.1)에 $N = 0$을 대입한 결과는 다음과 같다.

$$0 \times (-5) + 5 = (0-1) \times (-5)$$

$0 \times (-5)$가 0이라는 것은 이미 알고 있으므로 좌변의 값은 $0 \times (-5) + 5 = +5$이며, 우변은 보다시피 $(-1) \times (-5)$이다. 따라서

$$+5 = (-1) \times (-5)$$

이다. 즉 음수가 두 번 곱해지면 양수가 되는 것이다.

    그렇다면 우리는 어떻게 지금까지 수행한 계산을 정당화할 수 있을까? 우리는 식 (3.1)과 (3.2)가 $N = 0$일 때에도 성립한다고 밀어붙임으로써 원하는 결과를 얻었다. 대체 무엇을 근거로 그런 계산을 수행할 '허락'을 받은 것일까? 우리가 얻은 결과를 상상 속의 이미지로 영상화할 수 있을까? $+5 = (-1) \times (-5)$는 '맞는가?' 만일

맞는다면, '맞는다'는 말의 진정한 의미는 또 무엇인가?

이런 질문에 당혹스러움을 느낀다면, 당신은 14살 된 마리 앙리 베일(Marie Henri Beyle)이 처했던 난처한 상황을 이해할 수 있을 것이다. 앙리 베일(그의 필명은 스탕달(stendhal)이다)은 교사들과 친구들이 "음수 곱하기 음수는 양수다"라고 아무리 설명해도 납득하지 못했다고 한다. 자신의 단편적이고 심술궂은 자서전 《앙리 브륄라르의 삶(*The Life of Henry Brulard*)》에서 스탕달은 어린 시절에 수학에 열광했던 이유가 친척들과 성직자들의 위선적인 태도를 싫어했기 때문이라고 회고했다.[11] 그는 "수학에서 위선은 불가능했다"고 썼다. 그리고 다음과 같이 쓰기도 했다.

> 그 누구도 음수에 음수를 곱하면 양수가 된다는 법칙을 내게 납득시키지 못했다는 것은 정말로 놀라운 사실이 아닐 수 없다! … 그들은 단지 설명하지 못한 것이 아니라(그것은 진리였기 때문에 확실히 설명이 가능했다) 그 자신도 명확히 이해하지 못하는 논거로 설명하려 했다.

스탕달의 교사는 제자의 반론에 대응하지 않고 다음과 같이 타일렀다.

> 시간이 흐를수록 혼란은 더해 갔고 … 결국 선생님은 다음과 같이 말씀하셨다. "그것은 관습이다. 모두가 이 설명을 받아들인다. 너 못지않게 똑똑하고 훌륭했던 오일러와 라그랑주도 그 사실을 모두 받아들이지 않았더냐! … 너는 자신만의 생각에 너무 심취해 있는 것 같다."

스탕달은 다음과 같은 질문을 해서 급우들의 비웃음을 샀다. "혹시 제가 좋아하는 수학이 몽땅 사기일 수도 있을까요? 저는 진실에 이르는 길을 도저히 찾을 수가 없었습니다. 그동안 그토록 애써 왔는데… 아무래도 저는 길을 잘못 든 것 같습니다."

지금부터 "음수에 음수를 곱하면 양수가 된다"는 수학적 주장과 식 (3.1), (3.2)를 잠시 잊자. 하지만 스탕달의 비통한 심정은 잊지 말도록 하자. 나중에 다시 이 문제로 돌아올 것이다.

16. 튤립은 노란색인가?

개중에는 노란 튤립도 있다. 학자들의 추론에 의하면 튤립은 아시아의 초원지대에 퍼져 있었던 자홍색, 노란색, 분홍색, 흰색 등의 야생화로부터 진화했다. "지금도 하나의 꽃에서 다른 색상이 미세하게 감지되는 경우가 종종 있다."[12] 그러나 10, 11세기에 튤립이 중앙아시아에 전해졌을 때 개량된 튤립 중에는 진홍색 튤립도 섞여 있었다. 페르시아판 로미오와 줄리엣이라 할 수 있는 한 설화에는 파라드라는 왕자가 등장한다. 그는 사랑하던 여인 시린이 죽자 슬픔에 빠져 자살을 기도하였고, 그의 피가 땅에 떨어진 자리에서 진홍색 튤립이 피어났다고 전해진다.[13] 슐라이만 대제(Süleyman the Magnificent)가 지배하던 16세기에 접어들면서 튤립은 오스만 제국의 예술가들과 장인들에게 가장 중요한 소재가 되었다. 말안장으로 쓰던 벨벳 천에는 제국을 상징하는 문양으로 튤립이 새겨 넣어졌다. 또한 신부(新婦)가 짠 기도용 깔개와 슐라이만 대제의 "크림색 비단 가운"[14]에도 튤립이 새겨졌다. 그 후 튤립은 다양한 색상으로 개량되어 사람들의 상상력을 자극하는 매혹적인 꽃으로 자리 잡았다.

17. 단어, 사물, 그림

"튤립의 노란빛"에서 연상되는 이미지는 아마도 튤립의 단순한 **모양**으로부터 발생할 것이다. 일직선으로 뻗어 있는 튤립의 줄기는 부드러우면서도 단호한 느낌을 준다. 튤립의 꽃받침은 터번처럼 단단하게 꽃을 받치고 있다. 가장 귀하게 취급되는 이스탄불 튤립의 꽃잎은 "길고 가늘면서 그 끝이 뾰족하여"[15] 아몬드를 연상시킨다. "꽃이 완전히 만개하면 꽃잎이 수술을 가린다…. 이 상태에서 튤립은 가느다란 줄기 하나에 의지하여 절묘한 균형을 이룬 채 꼿꼿이 서 있다."[16] 튤립은 꽃망울이 닫힌 연꽃처럼 순수한 안정을 유지한다.

오스만 투르크인들은 완전히 만개한 상태에서 꽃이 고개를 숙이는 것을 "신 앞에서의 겸손함"[17]으로 여겼다. 튤립을 뜻하는 아랍어 **랄레**(lale)가 신을 부를 때 외치는 **알라**(Allah)와 동일한 철자로 구성되어 있기 때문에 튤립은 '신의 꽃'으로 여겨졌다.

이와는 대조적으로 영국의 시인 루퍼트 브룩(Rupert Brooke)은 "튤립을 부르니 여기 튤립이 피었다"고 썼다.[18] 나는 이 시구를 읽으면서 어린아이들이 흔히 그리는 튤립의 모습을 떠올렸다. 튤립이라는 단어와 튤립이라는 사물은 어린이용 읽기 교재에 나오는 단어와 그림 사이의 관계처럼 서로 밀접하게 연관되어 있다. 나는 평소에 어린이에게 읽기를 가르칠 때 쓰이는 도서와 교구에 관심이 많았는데, 그중 특히 내 관심을 끈 것은 네덜란드에서 전통적으로 사용되고 있는 단어학습용 교구였다. 이 교구는 목재로 만들어져 있으며, 언젠가 친구로부터 한 세트를 선물 받았다. 네덜란드에서는 이 교구를 *leesplankjes*라 부른다.

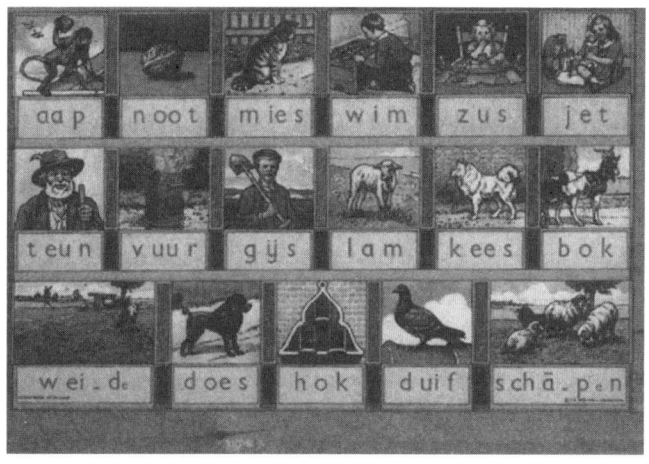

*leesplankjes*에는 17개의 **사물**(또는 인물) 그림이 그려져 있으며, 각 그림의 하단부에는 그림에 해당하는 **단어**가 균형 잡힌 소문자로 인쇄되어 있다. 그리고 그림은 어린이용 교구답지 않게 매우 원형(原型)에 가까운 형태로 꾸밈없이 그려져 있다. 예를 들어 비둘기는 붉은색 지붕 위에 앉아 있는데, 다른 어린이용 교구와는 달리 아무런 표정도 없고 과장된 부분도 전혀 없다. 그리고 그림 아래에는 비둘기를 뜻하는 duif가 반듯한 정자로 적혀 있다. 이밖에 염소

(bok)는 수레에 묶여 있고 양(lam)은 털이 깎인 모습으로 그려져 있으며, 소년(wim)은 무릎을 꿇고 앉아서 *leesplankjes*를 갖고 놀고 있다. 그런데 한 가지 이상한 것은 네덜란드를 상징하는 꽃이 튤립임에도 불구하고 *leesplankjes*에는 튤립이 전혀 등장하지 않는다는 점이다.

만일 *leesplankjes*에 꽃을 그려 넣는다면 전체적인 분위기에 가장 잘 어울리는 꽃은 단연 튤립일 것이다. 튤립은 수직방향의 축을 중심으로 거의 대칭형을 이루고 있어서 맑고 뚜렷한 느낌을 준다. 또한 튤립은 프랑스의 시인 랭보(Rimbaud)가 알파벳의 모음에 고유의 색을 대응시킨 것처럼(A—검은색, E—흰색, I—붉은색, U—초록색, O—푸른색) 강렬한 색상을 띠고 있다(실제로 그 시대에 발행된 프랑스어 입문서에는 각 모음이 위와 같은 색으로 인쇄되어 있었다).[19]

18. 직선 위에 숫자 표시하기

음수에 음수를 곱하면 왜 양수가 되는지, 우리는 아직 그 이유를 규명하지 않았다. 이 문제는 잠시 뒤에 다시 다루기로 하고, 일단은 앞에서 기록했던 장부의 내용을 **수직선**(數直線, number line) 위로 옮겨 보자.

특별한 이유가 없는 한 수직선은 수평방향으로 그리는 것이 상례이며, 좌우로 무한히 뻗어 있다는 것을 나타내기 위해 양쪽 끝을 화살표로 마무리한다. 선 위에 있는 하나의 점은 하나의 실수에 대응되

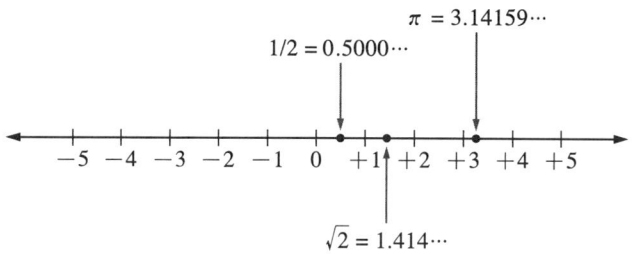

며, 왼쪽에서 오른쪽으로 갈수록 숫자가 증가하고 그 중심에는 양수와 음수의 경계인 0이 위치한다. 서문에서 잠시 언급한 것처럼, 모든 실수는 소수(小數)로 표기할 수 있다. 음의 실수는 숫자 앞에 마이너스 부호(-)를 붙인다. 예를 들어 음의 원주율 π는

$$-\pi = -3.14159\cdots$$

로 표기한다. 소수점 아래의 자릿수가 유한한 양의 실수(예: 2.5)는 여러 가지 형태로 표기할 수 있다($2.5 = 2.50 = 2.500 = 2.5000\cdots = 2.4999\cdots$). 그리고 유한한 소수로 표기할 수 없는 실수는 소수점 아래로 무한히 많은 자릿수를 갖고 있다. 두 숫자의 소수표기가 알려져 있으면 둘 중 어느 쪽이 크거나 작은지 판별할 수 있다. 이들 각각은 수직선 상의 한 점에 대응되므로, 둘 중 오른쪽에 있는 수가 큰 수이다. 수직선이라는 개념을 누가 처음으로 제안했는지는 분명치 않지만, 이것은 정말로 뛰어난 아이디어이자 누구에게나 친숙한 숫자표기법이다. 고대 그리스인들이나 로마인들은 수직선 개념을 떠올리지 못했다. 그러나 사실 아르키메데스의 원리를 따라 균형을 유지하고 있는 지렛대는 '눈금이 그려져 있지 않은 수직선'과 다를 것이

없다.

아르키메데스의 **지레법칙**을 간단히 설명하면 다음과 같다. 체중이 W인 아이와 $2W$인 어른이 타고 있는 시소가 정확하게 수평을 유지하려면, 시소의 받침점으로부터 아이가 앉아 있는 곳까지의 거리는 시소의 받침점으로부터 어른이 앉아 있는 곳까지의 거리보다 정확히 두 배 멀어야 한다.

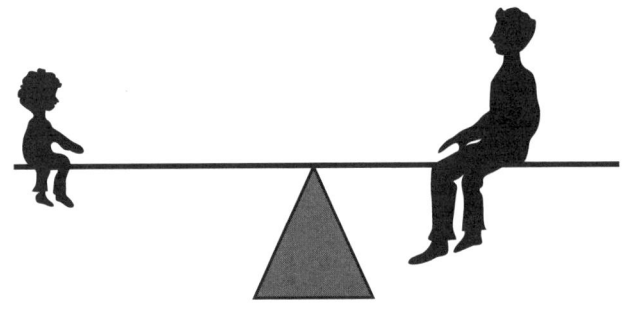

오늘날 숫자를 나타내는 눈금은 어디서나 쉽게 찾을 수 있다. 병원에서 사용하는 체온계를 비롯하여 모든 종류의 계측기구와 사분의, 육분의, 그리고 나침반에도 눈금이 매겨져 있다.[20] 그런데 왼쪽에 음수, 오른쪽에 양수를 표기하는 전통은 언제부터 시작되었을까? 7세기 인도의 수학자 브라흐마굽타(Brahmagupta)의 저서와 12세기에 활동했던 바스카라의 저서 《비자-가니타》에는 양수와 음수의 덧셈 및 뺄셈에 관한 법칙이 명시되어 있다(예 : 음수에서 양수를 빼면 음수가 된다 : $(-3) - 2 = -5$). 그 후 16세기에 인도의 한 해설가는 바스카라의 계산법을 다음과 같이 설명하였다.

부정(negation)이란 … 반대, 즉 반대방향을 의미한다. 서쪽은 동쪽의 반대이며 남쪽은 북쪽의 반대이다. 따라서 두 개의 나라들 중 한 나라에 양을 대응시켰다면 다른 나라에는 음이 대응된다. 동쪽으로 움직이는 운동을 양으로 잡았을 때, 어떤 행성이 서쪽으로 움직이고 있다면 이 행성의 운동에는 음이 대응된다.[21]

이러한 방향성을 염두에 두고, 바바라 트베르스키(Barbara Tversky)의 〈그림에 반영된 인지력의 근원(Cognitive Origins of Graphic production)〉을 살펴보기로 하자. 이 글은 여러 문화권의 어린아이들이 지도나 그림을 그릴 때 공통적으로 나타나는 방향성을 분석한 일종의 보고서이다.[22] 어린아이들의 공간인지능력과 관련하여 트베르스키가 수집한 데이터는 우리의 예상과 거의 일치한다. 여러 개의 숫자들을 크기순으로 나열하거나 시간의 흐름을 그림으로 표현할 때, 영어문화권의 아이들은 왼쪽에서 오른쪽으로, 또는 아래에서 위로 그려 나간다. 아랍어문화권의 아이들은 이와 정반대로 오른쪽에서 왼쪽으로 그려 나가지만, 수직방향으로는 아래에서 위로 그려 나가는 습성을 보인다. 즉 영어권이건 아랍어권이건 간에, 어떤 양의 증가를 나타낼 때 위에서 아래로 그리지는 않는다. 수평방향으로는 문화권에 따라 방향성이 다르게 나타나는 반면, 수직방향으로는 문화권에 관계없이 분명한 방향성을 보인다. 심리학자 마크 존슨(Mark Johnson)과 조지 라코프(George Lakoff)는 어떤 양과 관련하여 수직방향의 비중립성을 강조하였다(이 점에 관해서는 트베르스키도 같은 의견이다).[23] 존슨과 라코프는 **큰 것은 위로**,

작은 것은 아래로라는 범우주적 방향성을 지적하면서, "가격은 올라가고, 다우지수는 바닥을 친다"라는 영어문장을 예로 들었다. 또한 이들은 수직방향의 편향성이 다양한 문화권에 공통적으로 존재하며, 이와 반대로 '큰 것은 아래로, 작은 것은 위로' 표현하는 언어는 지구상에 존재하지 않는다고 지적하였다. 사실 지금까지 우리가 겪어 온 모든 경험은 한결같이 **많으면 위로 올라간다**는 사실을 말해준다. 컵에 물을 부을 때도 물의 양이 많아질수록 수면은 올라간다.

수직방향의 비중립성을 간파한 트베르스키는 "나는 이 세상의 꼭대기에 앉아 있다"거나 "그는 깊은 수심에 빠졌다"는 식의 표현이 거의 모든 언어권에서 사용되고 있음을 지적하였다. '깊은(deep)'이라는 단어는 긍정문에 등장할 때와 부정문에 등장할 때 그 의미가 다를 수도 있다. 그러나 **위로**(up)라는 단어에는 긍정적인 의미가 이미 내포되어 있으며, 이것은 언어뿐만 아니라 몸짓을 통한 대화에서도 거의 같은 뜻으로 사용되고 있다(엄지손가락을 치켜세우는 행위 등).

존 네이피어(John Napier)[24]가 로그를 발견하기 전에, 인도인들은 덧셈과 뺄셈을 수행할 때 '계산자' 유형의 이동연산에 대한 힌트를 발견했던 것으로 보인다. 예를 들어 X에서 2를 빼고 싶다면 수직선 상의 X 지점에 손가락을 놓은 다음 왼쪽으로 눈금 두 개만큼 이동하면 된다. 당신의 손가락은 $X-2$ 지점을 가리키고 있을 것이다.

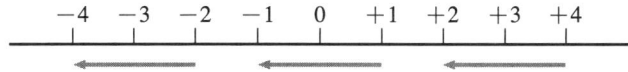

방금 했던 행위에 주의를 기울이면 아주 사소하지만 아주 중요한 관점의 변화를 감지할 수 있다. 지금 나는 뺄셈이라는 개념을 **기하학적** 관점에서 설명하고 있는 중이다. (임의의 수 N에서) 2를 빼는 것은 수직선을 왼쪽으로 눈금 두 개만큼 이동시키는 행위에 해당한다.

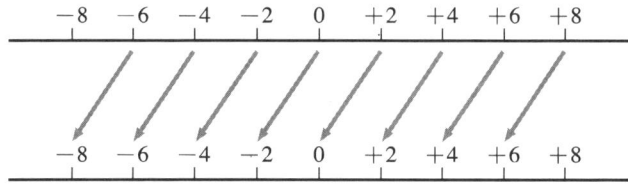

율리우스 카이사르(Julius Caesar)에게는 형언하기 어려울 만큼 어려웠을 음수연산법을 현대의 어린아이들이 그토록 쉽게 이해하는 것은 숫자를 그림과 관련지어 생각하기 때문일까? 내 친구는 최근에 다섯 살 난 아이에게 뺄셈을 가르친 적이 있다.[25] 그가 "8에서 6을 빼면 얼마지?"라고 물으니 아이는 "2요!"라고 대답했고, "8에서 8을 빼면 얼마지?"라고 물었더니 아이는 "아무것도 없어요"라고 대답했다고 한다. 또 "6에서 8을 빼면 얼마지?"라고 물었더니 역시 "아무것도 없어요"라는 대답이 돌아왔다. 물론 얼마든지 있을 수 있는 일이다. 그런데 이 시점에서 아이에게 수직선을 **그려주고** 거의 아무런 설명도 덧붙이지 않은 채 "6에서 8을 빼면 얼마지?"라고 다시 물었더니 아이는 당장 "-2요!"라고 자신 있게 대답했다고 한다. 아이의 머릿속에서 대체 어떤 변화가 일어났던 것일까?

일단 숫자에 관한 현대인의 지각능력이 앞서 언급했던 카이사르의 능력보다 뛰어나다고 가정하자(물론 카이사르가 산수를 못했다는 뜻은 아니다. 그냥 우리가 그 시대의 사람들보다 뛰어나다고 가정하자는 뜻이다). 그리고 우리 모두는 덧셈과 뺄셈의 대가이며 이러한 연산을 수행하면서 행복함을 느낀다고 가정하자. 이제 어떤 수에 2를 더하거나 뺄 때에는 수직선을 눈금 두 개만큼 오른쪽이나 왼쪽으로 이동시키면 된다. 그리고 이런 식의 '이동연산'은 2가 아닌 임의의 실수를 더하거나 뺄 때에도 항상 성립한다.

제아무리 덧셈과 뺄셈의 대가라 해도 스탕달이 품었던 의문은 여전히 풀리지 않은 채로 남아 있다. 음수에 음수를 곱하면 왜 양수가 되는가? 이 의문을 해결하려면 수직선에 좀 더 익숙해져야 하며, 곱셈연산에 대해서도 신중하게 생각해 봐야 한다.

19. 실수와 소피스트

플라톤의 대화편 《소피스테스(*sophists*)》에는 '이방인'이라 불리는 사람과 젊은 테아이테토스(Theaetetos)의 대화가 등장한다.[26] 테아이테토스는 "완전제곱수가 아닌 정수의 제곱근은 분수로 나타낼 수 없다"는 명제를 증명한 사람이다. 즉 $\sqrt{2}$와 $\sqrt{3}$, $\sqrt{5}$ 등은 정수의 비율(분수)로 나타낼 수 없다($\sqrt{2}$가 분수로 표현될 수 없다는 것은 이 책의 6절에서 이미 증명하였다).

대화 도중 이방인은 테아이테토스를 '소피스트'의 본질을 규정하는 일에 끌어들인다. 이방인은 범주를 점점 더 세세하게 구별함으로써 '소피스트'의 범주적 정의를 포착하려 한다. 이 대화편을 읽어 본 사람들은 알고 있겠지만, 소피스트는 모든 범주를 교묘하게 피해 가는 사람들이다.

자신과 대화를 나누고 있는 사람이 수학자라는 사실을 의식한 이방인은 정수들의 비율을 위와 아래에서 좁혀 감으로써 비율을 기하학적으로 규정하려 하는 것 같다. 즉 정수로 표현할 수 있는 (정사각형의 대각선과 한 변 사이의 비율과 같은) 이 비율들을 점점 더 세세한 비율로 포착하려 하는 것 같다.[27]

예를 들어 $\sqrt{2} : 1$이라는 비율을 "어떤 분수보다는 크고 어떤 분수보다는 작다"는 식으로 표현하면서 그 범위를 점차 줄여 나간다고 생각해 보자. 이 작업을 여러 차례 반복하다 보면 결국은 6절의 서두에 등장하는 기다란 소수에 접근하게 된다. 이 소수는 1.414…로 시작하므로 $\sqrt{2}$가 1과 2 사이의 수라는 것을 한눈에 알 수 있다. 범위를 좀 더 좁히면 $\sqrt{2}$는 14/10와 15/10 사이에 있고, 한 자릿수를 더 고려하면 141/100과 142/100 사이에 있는 수이며, 좀 더 정확하게는 1414/1000와 1415/1000 사이에 있다.

이와 같이 실수를 소수로 표기하면 실수가 속해 있는 범위가 직접적으로 결정된다. 소수의 자릿수를 하나씩 늘여 가며 수직선 위에 그 범위를 표시하면 수직선 상의 위치가 점차 정확하게 결정되는 것이다.

그러나 주어진 실수의 범위를 좁혀 나갈 수 있는 방법은 소수표기법뿐만이 아니다. 무한반복의 형태로 되어 있는 모든 표기법은 이런 식의 '범위 좁혀 나가기'를 구현할 수 있다.[28] 아래 그림은 수직선 상의 범위를 좁혀 나가면서 0.90625…의 정확한 값에 접근하는 과정을 보여 주고 있다.

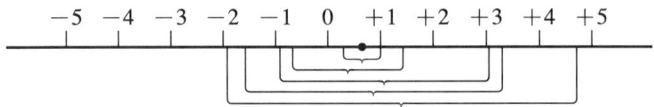

이런 식으로 범위를 좁혀 나가면 실수를 포착할 수 있다.[29] 즉 실수는 플라톤의 대화편에 등장하는 '소피스트'처럼 범주를 교묘히 빠져나가는 개념이 아닌 것이다.

 허락과 법칙

20. 허락

앞에서 나는 대수계산과 관련하여 '허락(permission)'의 근거를 문제 삼은 적이 있다(15절 참조).

가브리엘 가르시아 마르케스(Gabriel Garcia Marquez)는 소년시절에 소파에 누워 카프카(Frantz Kafka)의 소설 《변신(*The Metamorphosis*)》을 읽고 있었다.

> 어느 날 아침 불안한 꿈에서 깨어난 그레고르 잠자는 거대한 벌레로 변해 있는 자신의 모습을 발견했다….

가르시아 마르케스는 이렇게 써도 된다는 **허락**을 받은 데 놀란 나머지 소파에서 굴러 떨어졌다.[1]

지롤라모 카르다노는 지수에 관하여 다음과 같은 글을 남겼다.

> 1제곱(postino)은 선(line)이고 2제곱(quadratum)은 사각형(square), 3제곱(cubum)은 입방체(cube)를 의미한다. 이보다

더 큰 지수를 도형으로 시각화하는 것은 바보 같은 짓이다. 자연은 그 이상을 허락하지 않는다.[2]

그렇다면 '자연의 섭리'란 대체 무엇인가? 자연이 무언가를 허락하고 금지하는 근거는 과연 무엇인가?

허락되었건 금지되었건 간에, 또는 바보 같건 현명하건 간에, 디오판토스(Diophantos)[3]는 4제곱(제곱의 제곱)과 6제곱(세제곱의 제곱)의 존재를 인정했다. 12세기 힌두 수학자들도 3제곱 이상의 거듭제곱을 사용했지만, 오직 정수와 관련된 문제를 다룰 때에만 고차의 거듭제곱을 상상할 수 있었다. 카르다노 역시 5차, 7차 등의 거듭제곱을 다루면서 골머리를 앓았다. 그는 "필요성에 의해, 또는 호기심 때문에"[4] 이런 골치 아픈 문제를 다루었다고 한다.

고차원 거듭제곱이 난해하게 느껴지는 이유 중 하나는 연산에 해당하는 기하학적 비유가 존재하지 않기 때문이다. 방금 위에서 소개한 카르다노의 글처럼, 작은 지수들은 기하학과 직접적으로 연관되어 있다. 제곱은 **넓이**의 개념으로 이해할 수 있고 세제곱은 **부피**에 대응된다. 그런데 5제곱이나 6제곱 등에는 기하학적인 해석을 내릴 수가 없다. 과거의 수학자들이 고차원의 거듭제곱에 기하학적 의미를 부여하려고 노력했던 것은 충분히 이해가 가고도 남는다. 그들에게는 그것이 거듭제곱을 가시화하는 유일한 방법이었을 것이다. 머릿속에 그려지지 않는 것도 문제지만, 거듭제곱을 문제 삼다 보면 '단위'라는 민감한 질문이 함께 제기된다. 넓이의 단위는 제곱센티미터(cm^2)이고 부피의 단위는 세제곱센티미터(cm^3)이다. 그렇다면 4

제곱은 어떤 단위를 갖는 양인가? 이 질문을 염두에 두고, 12세기에 산스크리트어로 집필된 바스카라의 《비자-가니타》로 관심을 돌려 보자.[5] 이 책에는 답이 '양의 정수'로 나오는 문제들이 주로 등장하기 때문에 단위 때문에 고민할 일은 없다. 벌떼의 개체수를 계산하는 문제처럼(4절 참조), 대부분의 문제들이 일상적인 언어로 간단명료하게 제시되어 있다.

바스카라가 제시했던 또 하나의 문제는 다음과 같다.

> 한 무리의 거위 떼가 있다. 전체 수의 제곱근의 10배에 해당하는 거위들은 몰려오는 먹구름을 피해 만사 호수로 이동했고 전체의 1/8은 스탈라파드미니스 숲으로 날아갔다. 그리고 나머지 세 쌍의 거위들은 연꽃이 만개한 연못에서 태연하게 노닐고 있다. 그렇다면 거위 떼는 모두 몇 마리인가?[6]

이 문제는 방정식으로 표현하여 답을 구할 수 있는데, 그 해답은 '살아 있는 거위의 수'를 의미하기 때문에 반드시 양의 정수로 나와야 한다. 만일 방정식의 해 중에 분수나 음수가 포함되어 있다면, 이들은 방정식을 푸는 과정에서 쓸데없이 개입된 무연근(문제의 해답과 관련이 없는 근)이며, 당연히 해에서 제외되어야 한다(이 문제의 경우, 무연근이 얻어지는 이유는 방정식의 풀이과정에서 양변을 제곱했기 때문이다. 무언가를 제곱하면 양수와 음수의 구별이 사라지며, 이 과정에서 원래 문제의 의도와 상관없는 근이 개입된다 : 옮긴이). 바스카라가 제시한 문제들은 주로 벌이나 백조, 원숭이, 연꽃 등의 개체수를 묻는 문제이기 때문에 해답은 반드시 양의 정수여야 한다. 그러나 카르다노와 페라리, 봄벨리 등의 수학자들은 방정식의 해를 양의 정수로 한정시키지 않고 모든 가능한 실수해를 구하는 데 주안점을 두었다.

《위대한 술법》이 출판되고 40년이 지난 후, 프랑스의 수학자 프랑수아 비에트는 《해석학 입문(*Introduction to the Analytic Art*)》이라는 책을 펴냈다.[7] 이 책에서 그는 방정식의 사용범위에 관하여 다음과 같은 주장을 펼쳤다.

> 과거의 분석법은 수의 범위에 제한을 두고 있었지만, 새로 개발된 기호논리학은 이런 제한 없이 훨씬 강력하고 유용한 계산수단으로 사용될 수 있다.[8]

비에트는 미지수라는 개념을 도입하여 대수학을 혁신적으로 발전시켰다(그는 미지수를 'species'[9]라고 불렀다). 미지수는 3, 4 등의 숫자와 달리 방정식에서 아직 결정되지 않은 수를 의미하며, 연산방법은 기존의 수와 완전히 동일하다. 그러나 비에트는 미지수와 관련된 법칙들을 아무런 증명 없이 나열해 놓았다. 예를 들어 그는 각 항마다 공통으로 들어 있는 미지수를 제거하면 방정식을 간단히 줄일 수 있다고 주장했는데, 그의 말대로라면 $A^3 + BA^2 = C^2A$라는 방정식은 $A^2 + BA = C^2$으로 줄일 수 있다. 즉 비에트는 "방정식의 양변을 같은 수(또는 같은 미지수)로 나눠도 원래의 방정식은 변하지 않는다"[10]고 생각한 것이다. 그는 이것을 절대적인 법칙이라고 주장하면서 다음과 같은 글로 책의 서문을 마무리했다.

> 나의 해석 기술은 문제 중의 문제

즉 어떤 문제도 풀리지 않은 채로 남겨 두지 않는 것에 적합하다.[11]

나를 포함한 대부분의 수학자들이 늘 겪는 일이지만, 누군가 새로운 아이디어나 새로운 수학체계를 만들어 냈다는 소식을 들으면 가르시아 마르케스가 그랬던 것처럼 소파에서 굴러 떨어지면서 이렇게 외치곤 한다. "아니, 그런 것을 **허락받았다**는 사실을 왜 진작 생각해 내지 못했을까!"

나는 수학분야에서 '발명과 발견'에 관한 많은 질문과 대화 속에 '허락'이라는 쟁점이 숨어 있다고 생각한다. 사실 **허락**이라는 단어는 이와 무관한 함의들을 수반하며 철학적으로 바람직하지 않다(**누가** 또는 **무엇이** 그것을 허락했으며, 당신이 그것을 허락받았다는 사실은 **언제** 알 수 있는가?). 그러나 어쨌든 어떤 용어가 필요하며, 나는 지금도 허락을 대신할 만한 적당한 표현을 찾고 있다.

어떤 면에서 보면 이것은 수학에서의 발명보다 더 중요한 문제이다. 수학분야에서 '허락'과 제한이 작동하는 방식은 상상력이 필요한 다른 분야에서 자유도와 제한을 생각할 때에도 중요한 패러다임의 역할을 해 왔다. 예를 들어 독일의 철학자 요한 피히테(Johann Fichte)는 수학을 염두에 두고 다음과 같은 말을 남겼다.

> 앞에서 언급한 삼각형의 경우처럼, 우리는 상상 속에서 자유롭게 구축할 수 있어야 한다. 이런 경우에 명백한 증거는 우리를 사로잡을 것이다. 즉 이러한 방식으로만 가능하다. 여기에 법칙을 적용하면 우리가 자유롭게 세운 체계는 적절한 모양새를 갖추게 될 것이다.[12]

상상의 세계에서는 우리가 어떤 경계면 안에 갇혀 있는지, 아니면 무한한 영역으로 뻗어 나갈 수 있는지 항상 헷갈린다. 수학이 허용되지 않는 절박한 상황에 처하면, 우리는 모두 열렬한 플라톤주의자(수학적 대상은 '저 어딘가'에 있으면서 누군가 발견해 주기를 기다리고 있다)가 되고, 수학은 **발견**이 된다. 그러나 비에트처럼 강한 의지력으로 수학적 직관을 확장시켜 주는 사람을 만나면 우리의 사유가 자유로워지고 수용할 수 있는 내용이 다양해지며, 수학은 **발명**이 된다.

21. 강요된 관습인가 아니면 정의인가?

우리는 아직 중요한 문제의 해답을 찾지 못했다. 음수에 음수를 곱하면 왜 양수가 되는가? 예를 들어

$$(-1) \times (-5) = +5$$

는 정말로 '옳은' 계산인가? 만일 이것이 옳다면, 옳다고 말하는 것의 의미는 무엇인가?

음수의 곱셈을 문제 삼게 된 계기를 다시 한 번 떠올려 보자. 앞에서 우리는 N명의 채권자에게 각각 5달러씩 꾼 후 길가에서 우연히 5달러를 주워 그중 한 명에게 갚았을 때 전체적인 채무상황을 다음의 식으로 표현했었다(식 3.2 참조).

$$N \times (-5) = (N-1) \times (-5) + 1 \times (-5)$$

그리고 이 식에서 과감하게 $N = 0$을 대입하여 $(-1) \times (-5) + (-5) = 0$이라는 결과를 얻었다. 겉으로 보기에 이 식은 잘못된 구석이 전혀 없다. 말로 풀어서 표현하자면 "$(N - 1)$이 -5개 있고, 거기에 -5를 한 번 더하면 N이 -5개 있는 것과 같다"는 뜻이다. 그런데 이것은 -5일 때뿐만 아니라 임의의 C에 대해서도 성립할 것 같다.

C개의 $(N - 1)$에 C를 더하면 C개의 N과 같다.

일반적으로 교환법칙이 성립하는 두 개의 양 A, B가 있을 때

A개의 C에 B개의 C를 더하면 $(A + B)$개의 C와 같다.

이 관계를 방정식으로 표현하면 다음과 같다.

$$A \times C + B \times C = (A + B) \times C$$

우리는 15절에서 교환법칙이 성립하는 A, B뿐만 아니라 A가 음수인 경우에도 이 방정식이 성립한다고 가정했었다($N = 0$을 대입한 우리의 예제에서 A는 -1이고 B는 $+1$이었다).

일반적으로

$$A \times C + B \times C = (A + B) \times C$$

를 **분배법칙**(distributive law)[13]이라 부른다. 그렇다면 우리의 질문은 다음과 같이 변형될 수 있다. "$A = -1$이고 $B = 1$일 때도 분배법칙이 성립하는가?" 이것은 15절에서 제기했던 "음수에 음수를

곱하면 왜 양수가 되는가?"라는 질문과 수학적으로 완전히 동일하다.

앞으로 당분간 분배법칙이 모든 양의 실수에 대하여 성립하며, 덧셈과 곱셈의 근본적인 상호관계를 설명하는 법칙이라고 가정하자. 그렇다면 분배법칙이 양의 실수 A, B, C에 대하여 성립한다는 사실로부터 모든 실수 A, B, C(양, 음의 모든 실수)에 대하여 성립한다는 것을 증명할 수 있을까? 아니면 이 확장된 범위에서도 성립한다는 것을 강제로 받아들여야 할까? 강제로 받아들일 의무가 없다면, 그렇게 해도 좋다는 허락을 받은 것일까? 만일 허락을 받았다면, 대체 우리는 무엇을 하고 있는 것일까? 우리의 사유를 체계화하는 데 도움이 되는 인위적인 **관습**을 따르고 있는 것일까? 아니면 자연의 섭리에 따라 우리에게 강요된 관습을 따르고 있는 것일까? 우리는 이 법칙을 수용함과 동시에 곱셈이라는 연산의 **정의**(定議)를 양의 실수에서 모든 실수로, 즉 양과 음의 실수로 확장시키고 있는 것일까?

이 문제에 좀 더 신중하게 접근하려면 한 걸음 뒤로 물러나 또 다른 질문을 제기하고 그에 대한 적절한 해답을 찾아야 한다.

22. 분배법칙은 어떤 종류의 '법칙'인가?

분배법칙은 뉴턴의 운동법칙이나 콘(Corn)의 법칙과 비교할 때 그 성질이 사뭇 다르다. 옥스퍼드 영어사전에는 자연과학에서 말하는 법칙이 다음과 같이 정의되어 있다.

법칙(law) : 특정 사실들로부터 유추된 이론적 원리로, 일련의 자연현상에 적용 가능해야 하고, 동일한 조건에서 항상 동일한 현상이 일어난다는 말로 설명할 수 있어야 한다.

그러나 수학에는 적어도 두 종류의 법칙이 존재한다. 그중 하나는 법칙을 서술하는 모든 용어가 이미 잘 정의되어 있어서, 그것을 접하는 사람의 마음을 불편하게 만들지 않는 법칙이다. 이런 법칙은 특정 사실을 주장하고 있으며, 특정 부류의 사례에 적용할 수 있다. 그리고 우리는 확실성을 기하기 위해 그 주장이 특정한 사례에 성립한다는 사실이 증명되기 전에는 법칙이라고 부르지 않는다. 예를 들어 "임의의 정수의 제곱은 원래의 정수보다 작지 않다"는 주장은 너무도 당연하여 법칙이라고 부르기에는 좀 어색한 면이 있다. 그러나 이것을 굳이 법칙이라고 부른다면 첫 번째 법칙에 해당될 것이다. 왜냐하면 이 주장에 등장하는 **정수**와 **제곱**, **수의 대소관계** 등은 이미 확실하게 정의되어 있는 개념이기 때문이다.

두 번째 부류의 법칙은 이와 정반대의 특성을 갖고 있다. 즉 법칙을 이루는 요소들이 정확하게 정의되어 있지 않고, 법칙 자체가 그들을 정의하고 있는 경우이다. 우리는 이런 법칙들을 흔히 **공준**(postulate) 또는 **공리**(axiom)라 부른다. 만일 유클리드의 첫 번째 공리("평면 상에 있는 임의의 두 점을 지나는 직선은 반드시 존재하며, 단 하나만 존재한다")[14]를 법칙으로 간주한다면 두 번째 부류의 법칙에 해당한다. 물론 유클리드는 이 주장을 펼치기 전에 **점**과 **선***

---

*) "정의 1. 점은 크기가 없다. 정의 2. 선은 굵기가 없고 길이만 갖는다." 유클리드의 저서 《기하학원론(*Elements of Geometry*)》 제1권. Heath, *Euclid's Elements*, vol. 1, p. 153 참조.

의 개념을 정의해 놓긴 했지만, 점과 선이 어떤 종류의 객체인지를 실질적으로 설명한 것은 첫 번째 공리를 통해서였다.

수학의 법칙을 이와 같이 두 종류로 나눴을 때 분배법칙은 둘 중 어떤 부류에 속하는가? 이 문제는 나중에 다시 고려하기로 한다.

위에서 언급한 대로, 사전에서 자연과학의 **법칙**을 찾아보면 '이론적 원리'라고 정의되어 있다. 그렇다면 원리는 또 무슨 뜻인가? 다시 옥스퍼드 영어사전을 찾아보자.

> 원리(principle) : 많은 사실들의 타당성을 보장하는 근본적인 진실이나 정리. 여러 가지 부수적인 진리들의 기초가 되는 가장 중요한 진리….

이것은 자명하면서도 중요한 두 가지 사실을 강조하고 있다.

1. **법칙**이나 **원리**는 부수적인 진리들의 '근본'이자 그들의 '기초'이며 '가장 중요한' 진리이다.

2. **법칙**이나 **원리**는 '다수의' 여타 진리들, '다양한' 부수적 진리들에 적용되는 진리의 원판(原版)이다.

첫 번째 항목에 의하면 무언가를 법칙이라고 부르는 것은 중립적인 행위라고 할 수 없다. 우리는 어떠한 언명이 그 결과에 우선하는 본질적인 구조를 갖고 있다고 느낄 때에만 그것을 **법칙**이라고 부른다. 두 번째 항목은 우리가 **법칙**이라고 부르는 것에 내재하는 사유의 **경제성**(economy)을 강조하고(심지어 요구하고) 있다. 즉 하나의 원리는 넓은 영역에 적용될 수 있다.

합리성의 신조는 소수의 명백한 원리들로부터 다수의 결과들을 이끌어 낸다는 것이다. 그래서 수학이나 자연과학에서는 표현의 경제성이 매우 가치 있는 것으로 여겨진다. 미적분학이 대성공을 거둘 수 있었던 것은 수학적 언어가 간결하면서도 다양한 분야에서 막강한 위력을 발휘했기 때문이다. 에른스트 마흐(Ernst Mach)의 《역학(*The Science of Mechanics*)》[15]을 읽어 본 사람들은, 오랜 세월 동안 습득되어 온 지식들이 응축된 결과물인 물리법칙들의 압축된 표현이 바로 그러한 법칙들의 위력이라는 사실을 잘 알고 있을 것이다.

이유가 조금 다르긴 하지만, 시(詩)에서도 간결한 표현은 핵심적인 요소이다. 머윈(W. S. Merwin)의 시 〈애가(*Elegy*)〉[16]는 모든 행이 다음과 같이 1음절의 여섯 단어로 이루어져 있다.

> Who would I show it to
> (그것을 누구에게 보여 줄 것인가)

애가체(哀歌體) 시의 가장 보편적인 운율은 강약 6보격(六步格) 또는 강약 5보격(五步格)이다. 즉 시의 한 행이 여섯 개 또는 다섯 개의 단어로 이루어져 있다(시의 강약약격은 세 음절 ¯∪∪에 기초를 두고 있다. 즉 단어 funeral[fjúnərəl]의 발음처럼 첫 음절에 강세가 있고 뒤의 두 음절은 약하게 발음된다). 그런데 머윈의 시에는 2보격으로 된 간결한 행이 슬픈 감정을 자아낸다. 나('I')라는 주어는 강세가 없는 음절로서 애도하는 사람을 나타내기에 적합하다. '표현의 간결함'은 머윈의 시의 절박한 위축감을 나타내기에 적절하지 않지만, 함축적인 표현이 읽는 사람의 감정을 더욱 강하게 자극하는 것만은 분명한 사실이다.

⑤ 간결한 표현

23. 평면의 도해

뉴요커들에게 8번가와 42번로를 동시에 언급하면 그들은 하나의 교차로를 떠올린다. 이와 같이 위치를 나타내는 간결한 방식은 지표면 상의 한 지점을 경도와 위도로 나타내는 방법과 원리적으로 동일하다. 최근 상용화된 위성항법장치(GPS)도 이 원리를 이용하여 정확한 위치를 찾는다. 예를 들어 짙은 안개 속에서 체사피크만(灣)에 떠 있는 특정한 부표를 찾고 싶다면, 부표가 있는 곳의 경도와 위도만 알면 된다. GPS가 입력된 정보를 분석하여 당신이 탄 배를 그곳으로 정확하게 안내해 줄 것이다. 결국 당신을 목적지로 안내하는 것은 두 개의 숫자인 셈이다.

위치를 결정하는 방법은 이것 말고도 또 있다. 만일 내가 "참나무로부터 북서쪽으로 5미터 떨어진 곳에 보물이 묻혀 있다"고 말한다면, 그리고 당신이 참나무의 위치를 알고 있다면, 또 내가 거짓말을 하지 않았다면, 당신은 보물을 발견할 것이다. 하나의 기준점(참나무)과 그로부터의 거리, 그리고 방향이 주어지면 평면 상의 한 점이 결정된다. 레이더를 이용하여 물체의 위치를 추적할 때에도 이와 동일한 원리가 적용된다. 이 경우에 기준점은 레이더 조작자가 있는 곳이 되고(이 지점을 '집'이라 하자), 추적 대상의 위치는 집으로부터의 거리와 방향으로 결정된다. 집의 위치가 정확하게 알려져 있으면 경도와 위도의 경우처럼 두 개의 정보(거리와 방향)만으로 추적 대상의 위치를 정확하게 결정할 수 있다.

위에서 언급한 두 가지 방법(평면 또는 구면 위에서 위치를 결정하는 방법)은 유클리드 평면 위에서 하나의 점을 결정하는 방법과 그 맥을 같이한다. 독자들은 고등학교 수학시간에 이런 내용을 배운 기억이 있을 것이다. 평면 위에 선을 그리고 각을 이등분하는 등의 작도법은 유클리드 기하학에 기초를 두고 있다.

유클리드 평면 위에서 경도와 위도를 이용하여 하나의 점을 결정하는 방법은 르네 데카르트(René Descartes)가 창안한 **직교좌표**(Cartesian coordinate)의 개념과 비슷하다. 데카르트는 대수학과 기하학의 관계가 "가장 간결한 언어로 표현될 수 있다"고 주장하면서 "대수학과 기하학의 장점을 취하면서 잘못된 점들을 수정해 나간다"[1]고 했다.

직교좌표에 평면을 작도하는 방법은 고등학교 수학과정에 포함되어 있다. 제일 먼저 '집'에 해당하는 좌표의 기준점, 즉 **원점**(이 점을 영(0)으로 간주한다)을 정한다. 그런 다음 원점을 지나는 가로축(x축)을 그리는데, 가로축과 원점이 만나는 곳이 $x = 0$인 지점에 해당하며, 수직선(數直線)의 경우와 마찬가지로 x축 위의 모든 점에는 고유한 실수값이 부여된다. 유클리드 평면을 지도에 비유한다면 x축은 경도를 나타내는 기준선의 역할을 한다. 그 다음 원점에서 x축과 수직으로 교차하는 세로축(y축)을 그리고, 여기에도 각 지점마다 실수값을 대응시킨다. 이렇게 하면 x축과 y축이 만나는 곳은 $x=0$, $y=0$에 해당하며, 이 점이 바로 앞에서 결정했던 원점이 되는 것이다. 91쪽 그림은 직교좌표에 그린 유클리드 평면의 모습으로 흔히 카르티전 평면이라고도 한다(데카르트의 이름을 프랑스어식으로 풀면 des(관사)+cartes가 되는데, 이 중 cartes를 영어식 형용사로 만든 것이 Cartesian이다. 그러므로 카르티전은 '데카르트의' 또는 '데카르트식의'라는 뜻을 담고 있다 : 옮긴이).

이제 우리는 직교좌표에서 한 점 P의 위치를 결정할 수 있게 되었다. 한 쌍의 좌표값 (x, y)를 부여하면 P의 위치가 유일하게 결정되는 것이다. 이 중 첫 번째 좌표 x는 P의 경도에 해당한다. 즉 P는 x를 지나는 수직선(垂直線) 상의 어딘가에 있다는 뜻이다. 여기에 위도에 해당하는 두 번째 좌표인 y를 고려하면 점 P는 y를 지나는 수평선 상의 어딘가에 있게 된다. 이제 두 개의 정보를 종합하면 점 P는 방금 말한 수평선과 수직선의 교차점에 위치한다.

예를 들어 원점에서 오른쪽으로 3단위, 위쪽으로 5단위 떨어져 있는 점의 좌표는 $(3, 5)$로 표현되며, 직교좌표계에서 이 점에 해당하는 위치는 단 하나밖에 없다. 원점에서 아래로 4단위, 왼쪽으로 2단위 떨어져 있는 지점의 좌표는 $(-2, -4)$이다. 여기서 괄호 안의 첫 번째 숫자, 즉 첫 번째 좌표는 수평방향으로 나 있는 x축상의 거리이며, 두 번째 좌표는 수직방향으로 나 있는 y축상의 거리를 나

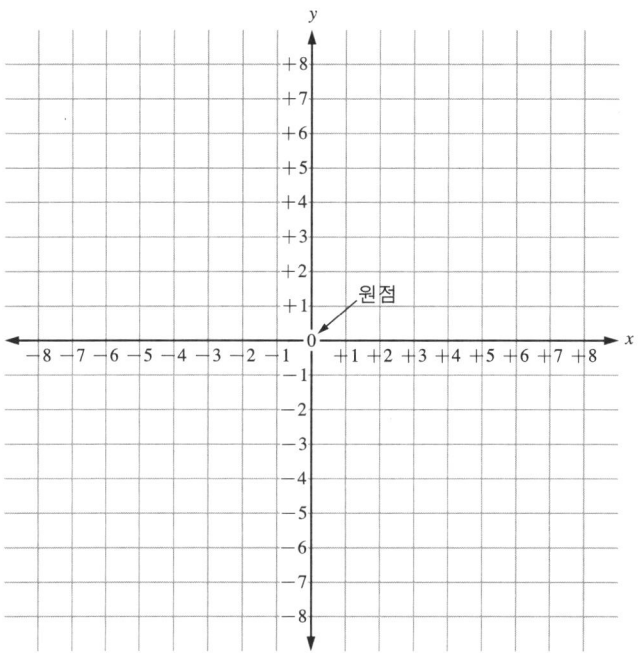

타낸다.

92쪽 그림은 직교좌표에 (3, 5)와 (−2, −4)의 위치를 나타낸 것이다.

그러므로 한 쌍의 수 a, b가 주어지면 평면 위에서 하나의 점 P가 결정된다. 물론 이 점의 좌표는 앞서 말한 대로 (a, b)이다. 이 얼마나 간결하고 정확한 표현인가!

레이더로 물체의 위치를 확인할 때에는 직교좌표가 아니라 **극좌표**(polar coordinate)가 사용되며, 여기에는 그럴 만한 이유가 있다. 남극이나 북극에서 레이더로 물체의 위치를 확인할 때는 거리와 방향으로부터 경도와 위도를 쉽게 계산할 수 있기 때문이다.

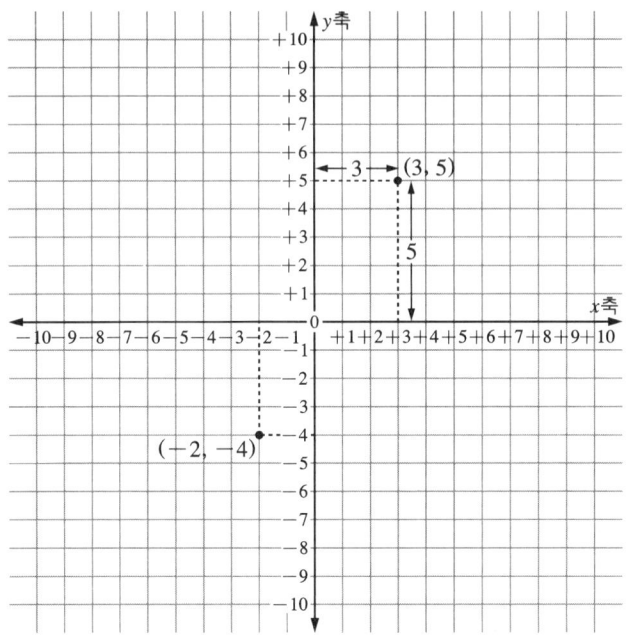

유클리드 평면을 극좌표로 표현하려면 평면 위에 시작점(집 또는 원점)을 정하고 이 점을 0으로 잡는다. 그러면 평면 위에 있는 임의의 점 P는 원점으로부터의 거리(이 값을 P의 동경(動徑, magnitude)이라 하며, 기호로는 r로 표기한다)와, 원점과 P를 잇는 직선과 수평축 사이의 각도(이 값을 P의 위상각(phase)이라 하며, 기호로는 $α$로 표기한다)로 정의될 수 있다. 93쪽 그림에는 점 P가 직교좌표 (a, b)와 극좌표 $(r, α)$로 표현되어 있다.

지금까지 우리는 유클리드 평면 위에서 하나의 점을 정의하는 두 가지 방법을 살펴보았다. 직교좌표나 극좌표를 이용하여 평면을 도식화하면, 모두 똑같아 보이던 유클리드 평면 위의 점들은 대칭성이 깨지면서 각기 고유한 주소를 갖게 된다. 평면 위에 기준좌표계

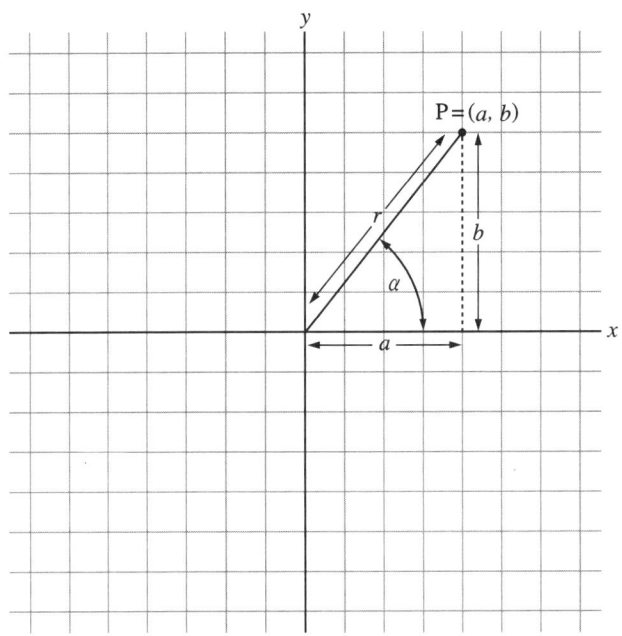

를 얹어 놓으면 모든 점은 직교좌표나 극좌표를 통해 '각기 고유한 이름을 갖는 점'으로 변환되는 것이다. 또한 좌표계의 '집'에 해당하는 원점은 다른 모든 점의 위치를 산출하는 기준으로서 매우 특별한 점이 된다. 평면 위에서 임의의 점 P의 위치를 정하는 데에는 전술한 바와 같이 두 가지 방법이 있으므로(직교좌표와 극좌표), 한 좌표를 다른 좌표로 변환하는 방법이 필요하다.

    피타고라스정리를 위의 그림(빗변의 길이가 r인 직각삼각형)에 적용하면 점 P의 직교좌표 (a, b)를 이용하여 동경 r을 표현할 수 있다.

$$r = \sqrt{a^2 + b^2}$$

그러나 P의 위상각 α를 직교좌표로 표현하거나(점 P는 원점에 있지 않다고 가정한다), 주어진 동경과 위상각으로부터 직교좌표를 구하는 과정은 그리 간단하지 않다. 고등학교 수학시간에 배웠던 바와 같이, 이 작업을 수행하려면 삼각법(trigonometry)을 동원해야 한다. a/r와 b/r는 P의 위상각 α에 따라 달라지는데, 이 값을 각각 α의 **코사인**(cosine), α의 **사인**(sine)이라 부른다. 그러므로 주어진 위상각 α에 대하여 $\cos\alpha$와 $\sin\alpha$의 값을 알고 있고 동경 r도 알려져 있다면, 이로부터 점 P의 직교좌표 (a, b)를 다음과 같이 계산할 수 있다.

$$a = r\cos\alpha, \qquad b = r\sin\alpha$$

24. 성질의 기하학

유클리드 기하학을 도식화하는 방법을 연구한 놀라운 선구자들이 있다. 여기서 잠시 14세기에 니콜 오렘(Nicole Oresme)이 쓴 논문 〈성질과 운동의 배열에 관한 연구(*Tractatus de Configurationibus Qualitatum et Motuum*)〉[2]의 한 부분을 살펴보기로 하자. 그 전에 우선 오렘이 사용했던 용어를 미리 알아두는 편이 좋겠다. 이 논문에서 오렘은 현대인들이 **그래프 그리기**라고 부르는 것을 설명하였다. 그래프란 무엇인가? 예를 들어 당신이 일련의 항목(예를 들어 1950년, 1960년, 1970년)을 가지고 있으며, 각 항목을 측정하려 한다고 가정해 보자(예컨대 인구수 등을). 오렘은 '일련의 항목'(지금의 경우는 연도)을 **주제**(subject, 현대식 용어로는 함수의 정의역,

즉 x를 의미한다 : 옮긴이)라 칭했고, 각 항목에 따라 측정하고자 하는 것(지금의 경우는 인구수)을 성질(性質, quality)이라 불렀다.

우리가 평소에 그래프를 어떤 식으로 그려 왔는지 생각해 보자. 우선 수평축(x축)을 그리고 변수 범위를 대략 결정한 후 각 변수에 대응하는 값을 수직방향의 막대나 점으로 표현한다(이때 막대의 길이나 점의 높이가 각 항목의 값에 해당한다). 이렇게 하면 변수의 변화에 따른 각 항목값의 변화가 일목요연하게 나타나며 전체적인 동향을 쉽게 파악할 수 있다. 오늘날 우리는 각 항목의 값을 독립적으로 측정하여 그래프를 그리지만, 오렘은 하나의 항목값과 다른 항목값 사이의 **비율**을 더욱 중요하게 여겼다. 그는 이 비율을 (성질의) **강도**(intensities)라 불렀으며, 그의 주된 목적은 항목의 위치를 옮겨갈 때마다 나타나는 강도의 변화를 측정하는 것이었다. 오렘은 이것을 가리켜 **성질의 배열**(configuration of qualitities)이라고 불렀다.

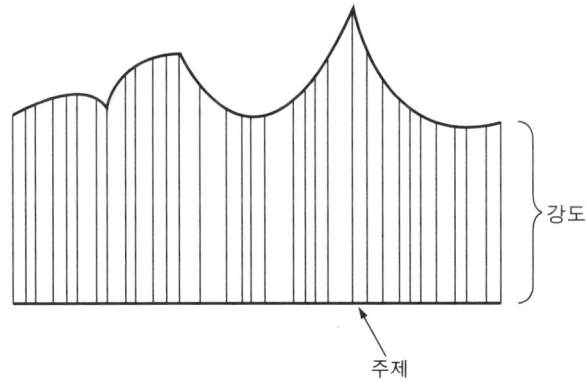

오렘의 논문은 '강도의 연속성에 관하여(On the Continuity of Intensity)'라는 소제목과 함께 다음과 같은 내용으로 시작된다.

숫자를 제외하면 측정 가능한 모든 대상은 연속적인 양으로 간주할 수 있다. 따라서 이들을 측정하려면 점, 선, 표면 혹은 이것들의 특성을 상상해야 한다. 수학적으로 정의된 점과 선은 현실 세계에 존재하지 않지만, 필요한 양을 측정하고 그들 사이의 비율을 이해하기 위해서는 반드시 필요한 개념이다. 그러므로 모든 강도를… 공간상의 어떤 점 혹은 주제와 수직으로 교차하면서 특정 길이를 갖는 직선으로 상상해야 한다.

대상의 종류를 불문하고, 이러한 성질들을 '연속적으로 배열되어 있는 직선'(y축과 나란한 방향으로 나열된 직선)으로 간주해야 하는 이유는 무엇인가? 오렘은 측정 가능한 **모든** 성질(물체의 속도, 뜨거운 정도, 밝기, 소리의 아름다운 정도, 기쁨의 크기 등)을 하나의 논리 하에서 분석하고자 했으므로, 위의 질문은 그에게 결코 간단한 문제가 아니었다. 의문은 이것뿐만이 아니다. 이 모든 '성질'의 측정값이 왜 하나의 **숫자**나 하나의 **길이**에 대응되어야 하는가? 이 질문은 모든 사람의 지능을 IQ라는 단 하나의 계량으로 비교하는 것은 불합리하다는 반론과 일맥상통한다.[3] **성질**의 **강도** 측정에 관한 문제는 오렘을 끊임없이 괴롭혔고, 결국 그는 고민 끝에 다음과 같은 흥미로운 주장을 펼치게 된다.

> 강도는 어떤 것이 다른 것보다 '더 크다'거나 '더 밝다', 또는 '더 빠르다' 등등을 나타내는 척도이다. 한 점에서의 강도는 연속적인 양으로서 단 한 가지 방법으로 무한히 작게 나눌 수 있으므로, 직선으로 상상하는 것이 가장 적합하다. 측정된 양이나 비율을 연속적인 선의 길이로 나타내는 방법은 이미 잘 알려져 있을 뿐만 아니라 이해하기도 쉬우므로… 그러한 강도는

주제를 나타내는 수평선에 수직한 선으로 상상해야 한다.

오렘의 논리는 두 가지 부분으로 이루어져 있으며, 두 부분 모두 '～므로'로 시작한다. "강도는… 단 한 가지 방법으로 무한히 작게 나눌 수 있으므로"가 첫 번째 논리인데, y축에 나란하게 그린 선들이 이 성질을 만족한다. 즉 모든 강도는 연속적이기 때문에 "연속적인 선"으로 표현할 수 있다는 뜻이다. 그러므로 오렘의 첫 번째 논리는 '강도'와 '연속성'의 특성이 완벽하게 들어맞는다는 것이다. 독자들은 오렘이 여기서 자신의 논리를 마무리했을 거라고 짐작할지도 모른다. 그러나 오렘은 두 번째 논리를 계속 전개해 나갔다.

오렘은 '강도'를 연속적인 선으로 표현하는 것을 선호했는데, 이 방법이 "이미 잘 알려져 있을 뿐만 아니라 이해하기도 쉽기" 때문이다. 그의 결론은 강도를 이런 방식으로 "상상해야 한다"는 것이다. 여기에 사용된 논리는 우리의 상상을 도우면서 우리에게 이미 친숙한 방법이 있다면, 다른 방법을 찾기보다 그것을 사용해야 한다는 것이다. 오렘의 논리에 의하면 가장 친숙한 방법을 사용하는 것이 최선이다. 결국 그는 효율적인 상상을 추구했던 것이다.

25. 여분의 상상력

호르헤 루이스 보르헤스(Jorge Luis Borges)는 "내려다보는 별들(the stars looked down)"이라는 시구를 분석하면서 시에 관한 일반적인 시각과 상치되는 주장을 펼친 바 있다. 시는 사실상 무한한 원천으로부터 은유의 소재를 이끌어 낸다는 것이 일반적인 시각이지만, 보르헤스는 오히려 그 반대라고 주장했다.[4] 즉 전통적으로 은유의 소재로 사용되어 온 이미지들은 매우 한정되어 있다는 것이다. 더구나 이러한 사실로 인해 시인들이 공유하는 몇 안 되는 은유의 소재는 점점 더 많이 사용된다.

한 가지 예를 들어 보자. 별은 시인들이 좋아하는 단골 소재이다. 그러나 "내려다보는 별들"이라는 시구만 잘라서 읽는다면, 별들이 우리에게 자비롭고 따뜻한 시선을 보내고 있다는 뜻인지, 별들이 우주의 삼라만상을 관조하고 있다는 건지, 아니면 우주의 오지에 자리 잡은 지구를 별들이 경멸하는 눈초리로 깔보고 있다는 뜻인지 알 수가 없다. 시인은 이러한 시구를 사용하여 시의 정서적인 배경을 정교하고 세심하게 표현할 수 있으며, 이를 위해 별의 이미지와 관련된 은유적 전통을 되돌아본다.

이제 시적 전통의 온실에서는 은유가 거의 자라지 않는다는 보르헤스식 발상을 잠깐 살펴보고, 이것이 우리가 시구 "튤립의 노란 빛"을 읽는 데 영향을 미치는지 생각해 보자.

시에서 튤립은 얼마나 자주 등장하며 어떤 의미로 사용되고 있는가? 오마르 하이얌(Omar Khayyám)과 하페즈(Hāfez)의 시에서 튤립은 정열을 의미한다. 루미(Rumi)의 시 〈표식 없는 상자(*Unmarked Boxes*)〉에서는 신의 신비한 기쁨을 상징한다.

> 자는 동안 우리의 일부는 육체를 떠나 다른 장소로 이동한다.
> 당신은 "어젯밤 나는 사이프러스 나무와 튤립 화단, 그리고 포도덩굴이 우거진 곳에 가서…"라고 이야기한다.[5]

그러나 영어권 시에 등장하는 튤립은 "이름이 불렸을 때 피어나는" 꽃이다.

>오늘 그대는 튤립을 닮았습니다.
>그러나 그 튤립은 오래 머물지 않을 것입니다.[6]

옥스퍼드 영문시집을 뒤져 보면 장미와 수선화, 이름 없는 잡초 등은 수시로 등장하지만 튤립은 거의 나오지 않는다. 백합은 마음을 아프게 하지만 튤립은 적어도 통념상 그렇지는 않다. 꽃이 난무하는 시에 튤립이 자주 등장하지 않기 때문에 튤립이 우리의 상상력을 더욱 강하게 자극하는 것은 아닐까? 체이스 트위첼(Chase Twichell)의 시 〈튤립(*Tulip*)〉을 읽어 보면 그런 것 같기도 하다. 이 시의 마지막 연은 다음과 같다.

>보라, 노란 튤립이
>목탄빛 하늘에 떠 있다—
>그 생생한 모습이 너무도 빨리 지나기에,
>그것을 시로 표현할 겨를이 없다.[7]

6 법칙 정당화하기

26. 법칙을 믿는 이유

우리는 22절에서 분배법칙

$$A \times C + B \times C = (A + B) \times C$$

이 양수와 음수를 포함한 모든 실수에 대하여 성립하는지, 그리고 만일 이 법칙을 믿는다면 왜 믿어야 하는지를 문제 삼았다. 위의 등식을 일상적인 언어로 옮기면 다음과 같다. "두 수의 합에 C를 곱한 값은 각각의 수에 C를 먼저 곱한 후 이들을 더한 값과 같다." 분배법칙은 두 종류의 연산과정, 즉 덧셈과 곱셈을 연결하는 법칙이다. 이 법칙을 증명하기에 앞서 우선 하나의 연산으로 이루어진 간단한 법칙을 살펴보기로 하자.

3 + 5와 5 + 3이 같다는 것은 누구나 알고 있다. 일반적으로 **덧셈**은 더하는 순서에 무관하다. 이를 기호로 표현하면 다음과 같다.

$$A + B = B + A$$

덧셈뿐만 아니라 곱셈도 이와 비슷한 법칙을 만족한다.

$$A \times B = B \times A$$

즉 곱셈도 곱하는 순서에 무관하다. 예를 들어

$$5 \times 8 = 8 \times 5$$

이다. 그런데 곱셈이라는 연산이 순서에 무관하다는 것을 어떻게 입증할 수 있을까?

시작하기 전에 먼저 얼마나 '일반적으로' 정당화할 것인지를 분명히 해야 한다. 즉 $A \times B = B \times A$가 참임을 주장할 때, 어떤 A와 B를 염두에 두고 있는 것인가? 일단 A와 B가 양의 정수라고 가정해 보자. 그리고 한 가지 예제로서 다음의 주장이 참인지 거짓인지를 판별해 보자.[1]

8개의 화살표로 이루어진 가로줄이 5개 있다.
이때 화살표의 총 개수는
5개의 화살표로 이루어진 세로줄 8개와 같다.

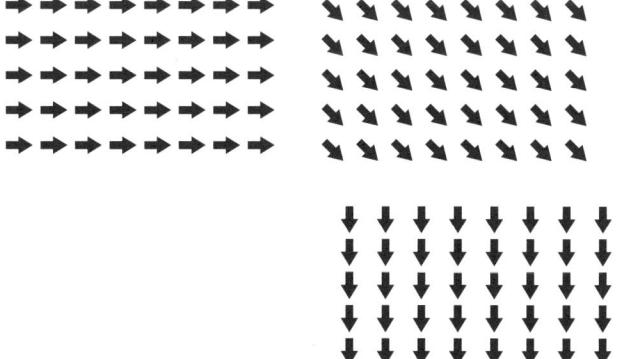

이 그림은 임의의 양의 정수 A, B에 대하여 $A \times B = B \times A$가 성립한다는 사실을 설득력 있게 보여 준다. 그러나 이 그림 속에 숨어 있는 핵심적인 논리를 감지하지 못한다면 쉽게 수긍하지 못할 것이다.

만일 당신이 이 그림을 보고 $A \times B = B \times A$가 사실임을 깨달았다면, 그 이유를 말로 설명해 보는 것도 좋은 연습이 될 것이다. 그러나 이것을 말로 설명하려면 먼저 **곱하기**라는 연산의 의미를 명확하게 알고 있어야 한다.

27. 곱셈의 정의

숫자에 관하여 여러 가지 이야기를 하다가 드디어 곱셈이라는 연산과 마주쳤다. 어린아이들이 방안에 늘어놓은 장난감 블록의 개수를 헤아릴 때 "둘, 넷, 여섯, 여덟…"과 같이 2단위로 세는 것은 '곱하기 2'라는 연산에 이미 익숙하기 때문이다. 임의의 수 M에 양의 정수 N을 곱한다는 것은 'N 단위로 헤아리기'를 의미한다. 즉 $M \times N$은 "N을 M번 더한다"는 뜻이다.

$$M \times N = \underbrace{N + N + \cdots + N}_{M}$$

이 연산을 다른 방법으로 표현해 보자. 층이 여러 개인 CD 수납장이 있다. 한 층에는 N장의 CD를 수납할 수 있고, 전체 수납장은 M개의 층으로 이루어져 있다. 이 경우 수납장에 보관할 수 있는

CD의 총 개수는 $M \times N$이다.

우리는 항상 N 단위로 헤아린다. 아주 많은 개수를 헤아릴 때, 우리는 전체 수를 크기가 같은 소그룹으로 나눈 후 소그룹의 개수를 헤아리곤 한다. 이렇게 하면 앨리스(Alice)가 마주쳤던 곤란한 문제를 피해 갈 수 있다. 《거울 나라의 앨리스(*Through the Looking Glass*)》에서 하얀여왕(White Queen)은 앨리스에게 이렇게 묻는다. "하나 더하기 하나 더하기 하나 더하기 하나 더하기 하나 더하기 하나 더하기 하나 더하기 하나 더하기 하나 더하기 하나는 얼마지?"

소그룹으로 나누지 않고 그냥 1, 2, 3…으로 헤아린다고 해도, 숫자가 충분히 커지면 수를 칭하는 언어 자체가 소그룹 분할구조라는 사실을 알게 된다(백, 백 하나, 백 둘…). 그러나 경우에 따라서는 십진법과 상관없는 단위(다스(12), 스코어(20) 등)로 수를 헤아릴 때도 있다. 허먼 멜빌(Herman Melville)의 소설 《모비딕(*Moby Dick*)》을 보면 폴리네시아 출신의 작살잡이 퀴퀘그(Queequeg)가 고래잡이배 여관에서 책의 쪽수를 50단위로 헤아리는 장면이 나온다.

> 퀴퀘그는 자못 놀랐다는 듯이 긴 휘파람을 불었다. 그러고는 다음 50장을 헤아리기 시작했다. 아무래도 그는 50 이상의 수를 헤아리지 못하는 것 같았다. 그는 자신이 헤아릴 수 있는 수의 한계인 50장이 여러 번 반복되자 책의 두께에 짐짓 놀라는 듯이 보였다.[2]

자릿수가 100개 이하인 한 쌍의 숫자 M, N을 컴퓨터에 입력하고 (M, $N < 10^{100}$) 이들을 곱하면, 컴퓨터는 이 길고 긴 연산을 10억분의 1초 이내에 해치운다. 즉 곱셈을 수행하는 작업은 곱셈을 정의하는 작업보다 훨씬 빠르게 수행될 수 있다. 앞에서 '물체의 집합'이라는 개념으로 설명했던 양의 정수의 곱셈을 조금 수정하면 곱셈에 대한 수학적 정의를 내릴 수 있다. 수학자들이 (양의 정수에 대한) 곱셈연산을 정의하는 방법은 이것 이외에도 두 가지가 더 있다.

그중 첫 번째 방법은 곱셈에 대한 정의이자 곱셈을 수행하는 수단으로 사용될 수도 있다(단, 계산속도는 매우 느려질 것이다!). 이것을 '굼벵이 접근법(creeping strategy)'[3]이라 부르기로 하자. 두 번째 접근법에는 곱셈의 **구조적 특성**이 강조되어 있는데, 이것을 '구조적 묘사법(structural characterization)'이라 부르기로 한다. 한 쌍의 양의 정수를 대상으로 수행 가능한 연산들 가운데 곱셈연산의 특징을 간단한 규칙으로 나타내려면 어떻게 해야 할까?

굼벵이 접근법은 덧셈연산에서 시작하여 곱셈을 정의하는 방법이며, 1에 임의의 수 N을 곱하면 N이 되고 2 곱하기 N은 $N + N$이라는 자명한 사실로부터 출발한다. 특정한 수 M에 N을 곱한 값을 이미 알고 있다면, 다음의 관계를 이용하여 $M + 1$에 N을 곱한 값도 알아낼 수 있다(이미 알고 있는 $M \times N$에 N을 더하면 된다).

$$(M+1) \times N = M \times N + N \qquad (6.1)$$

따라서 $M = 1$일 때부터 시작하여 M 값을 1씩 증가시켜 가면서 식 (6.1)을 적용하면 임의의 양수에 N을 곱한 값을 알 수 있다.

독자들은 식 (6.1)에서 분배법칙을 감지할 수 있겠는가?

지금부터 굼벵이 접근법을 직접 실행해 보자. 우리는 $1 \times 45 = 45$임을 익히 알고 있다. 따라서 $M = 1$, $N = 45$일 때 식 (6.1)을 적용하면

$$2 \times 45 = 1 \times 45 + 45 = 90$$

임을 알 수 있다. 이제 M 값을 하나 증가시켜서 $M = 2$, $N = 45$인 경우에 식 (6.1)을 적용하면

$$3 \times 45 = 2 \times 45 + 45 = 90 + 45 = 135$$

가 된다. 이로써 우리는 3×45까지 알게 되었다. 이런 식으로 계산을 반복해 나가면 모든 수에 45를 곱한 결과가 줄줄이 얻어진다. 예를 들어 $M = 12$까지 이 계산을 수행하여 $12 \times 45 = 540$임을 알아냈다면, 그 다음 단계에서 얻어지는 결과는 다음과 같다.

$$13 \times 45 = 12 \times 45 + 45 = 540 + 45 = 585$$

(단, 굼벵이 접근법으로는 아무리 열심히 계산을 해도 '아직 계산되지 않은 곱셈'을 미리 알 수는 없다 : 옮긴이)

구조적 묘사법은 앞서 말한 대로 모든 연산 중에서 (양의 정수를 대상으로 하는) 곱셈연산을 특징짓는 방법이다. 당신에게 한 쌍의 양의 정수 M, N과 이들을 대상으로 수행되는 '미지의 연산'이 주어졌다고 하자. 그리고 아직 연산의 특징이 정의되지 않았으므로 이 연산을 ✱로 표기하기로 하자. 즉 M과 N에 이 연산을 적용한

결과는 $M * N$으로 표현된다는 뜻이다. 예를 들어 당신에게 13과 45라는 숫자가 주어졌다면, 당신은 이들을 미지의 연산에 적용하여 어떤 결과를 얻게 된다(이 결과를 $13 * 45$로 표기하자). 여기서 한 걸음 더 나아가 이 연산이 다음의 두 법칙을 만족한다고 가정하자.

(a) 임의의 양의 정수 N에 대하여

$$1 * N = N$$

(b) 임의의 양의 정수 A, B, C에 대하여

$$A * C + B * C = (A + B) * C$$

다시 말해서 **분배법칙**이 성립한다.

그러면 위의 조건을 만족하는 미지의 연산 $*$이 바로 곱셈이라는 것을 증명할 수 있다. 즉

$$13 * 45 = 13 \times 45 = 585$$

이며, 일반적으로는 임의로 선택한 한 쌍의 양의 정수에 대하여 $M * N = M \times N$이 된다.

왜 그런가? 분배법칙 자체가 양의 정수를 대상으로 하는 곱셈연산을 특징짓기 때문이다.[4] (덧셈도 분배법칙을 만족하지만, 위에서 가정했던 법칙 (a)를 만족시키지 못하므로 곱셈만이 유일한 후보로 남는다 : 옮긴이)

굼벵이 접근법을 사용하면 법칙 (a)와 (b)가 실제로 곱셈연산을

특징짓는다는 것을 증명할 수 있다. 그러나 여기서는 다음의 질문으로 증명을 대신하고자 한다. "아래의 그림으로부터 양의 정수를 대상으로 하는 곱셈이 분배법칙을 만족한다는 사실을 확인할 수 있는가?"

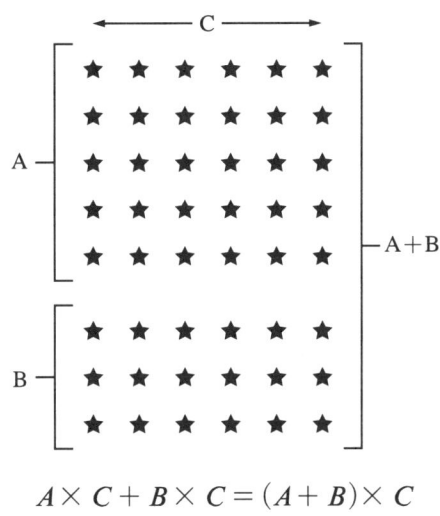

$$A \times C + B \times C = (A + B) \times C$$

28. 분배법칙과 그 영향

'음수 곱하기 음수'를 깊이 생각하려면 일단 음수에 적용되는 곱셈에 대하여 정확한 정의를 내려야 한다. 곱셈의 완전한 정의를 위해 '음수 곱하기 양수'와 '양수 곱하기 음수'도 같이 고려하기로 하자.

당신이 한 쌍의 양의 정수 M, N에 대하여 다음의 관계를 절대적인 법칙으로 포고한다 해도 반대할 사람은 아무도 없다.

$$(-M) \times (-N) = M \times N$$

포고령이 내려진 후 스탕달이 당신에게 달려와 "음수에 음수를 곱하면 왜 양수가 됩니까?"라고 다그쳐 묻는다면 당신은 이렇게 대답할 것이다. "그렇게 **정의**했기 때문입니다!" 그러나 스탕달도 결코 만만한 사람은 아니기에 곧바로 후속질문을 퍼부을 것이다. "왜 하필이면 그렇게 정의했습니까? 다르게 정의하면 안 되는 이유가 뭡니까?"

나라면 이렇게 대답할 것이다. 방금 당신이 정의한 연산은 양의 정수에 적용되는 곱셈의 구조적 특성을 그대로 유지하면서 그 범위를 확장하여 모든 정수(양의 정수와 음의 정수)에 적용할 수 있는 (유일한) 곱셈의 정의이다. 즉

$$(-M) \times (-N) = M \times N$$

라는 정의와 함께 '음수 곱하기 양수'와 '양수 곱하기 음수'에 적용되는

$$(-M) \times N = -(M \times N) \qquad M \times (-N) = -(M \times N)$$

을 함께 정의하면, 분배법칙

$$(A+B) \times C = A \times C + B \times C$$

은 모든 정수에 대하여 성립하며, 당신이 내린 정의는 이러한 분배법칙을 만족하는 곱셈연산을 확장할 수 있는 **유일한** 정의이다.

그러나 스탕달은 여전히 설득되지 않고 고집스럽게 질문할 것이다. "분배법칙이 이렇게 확장된 범위에서 성립한다고 가정해야

하는 이유가 무엇입니까?" 이 질문을 들은 당신은 문득 불안해지기 시작한다. 분배법칙이 성립하는 범위를 넓혀 놓으면, 그 넓어진 영역에서 곱셈연산을 또 다시 정의해야 하기 때문이다.

29. 소득이 있는 원과 헛수고에 불과한 원

혹시 우리가 쳇바퀴를 돌고 있는 것은 아닐까? 우리의 목적은 "음수에 음수를 곱하면 왜 양수가 되는가?"라는 스탕달의 질문에 답하는 것이었다. 이를 위해 앞 절에서 분배법칙에 기초하여 나름대로 해답을 제시하였고, 이제는 분배법칙 자체를 정당화해야 하는 상황에 이르렀다. 어떤 증명법을 사용하건 간에, 증명의 내용은 우리가 곱셈(음수를 포함한 곱셈)을 어떻게 정의하느냐에 달려 있다.

원을 한 바퀴 돌아 제자리로 돌아왔다고 해서 헛수고를 했다고 단언할 수 있을까? 내 생각은 그렇지 않다. 원형궤도를 달리는 생각의 열차는 결코 동일한 상태로 같은 지점을 지나치지 않는다. "그런 식의 정의는 순환적이다!"라는 불평에는 정의 자체를 부정하는 의미가 담겨 있다. 그러나 우리가 사용하는 중요한 논리와 정의들 중에는 순환적 특성을 가질 수밖에 없는 것들이 많다. 예를 들어 대수학에서 순환적 논리나 증명을 제거한다면, 대수학은 지금과 같은 위력을 발휘할 수 없을 것이다('자신의 제곱에서 6을 빼면 자신과 같아지는 수'도 순환적인 서술에 해당한다).

곱셈에 관한 우리의 정의와 분배법칙은 양수와 음수에 모두 적용되며, 서로 완벽하게 들어맞는다. 즉 곱셈의 정의는 분배법칙이 성립함을 증명하고, 분배법칙은 곱셈의 정의를 정당화하는 것이다.

30. 그렇다면 음수에 음수를 곱하면 왜 양수가 되는가?

지금까지 얻은 결과를 요약해 보자. 문제의 출발점은 "음수에 음수를 곱하면 왜 양수가 되는가?"라는 질문이었다. 양의 정수에 양의 정수를 곱하는 연산은 누구나 그 의미를 정확하게 알고 있지만, "음수에 음수를 곱하면 왜 양수가 되는가?"라는 질문에 답하려면 우선 음수에 음수를 곱하는 연산이 무엇을 의미하는지 알고 있어야 한다. 이것을 다른 식으로 표현할 수도 있다. 즉 "음수에 음수를 곱하면 왜 양수가 되는가?"라는 질문에 답하려면 먼저 양수에 음수를 곱하는 연산에 대하여 실질적인 정의를 내려야 한다. 실질적인 정의 없이는 곱셈 자체를 수행할 수 없기 때문이다. 그래서 우리는 이 정의를 내리기 위해 처음으로 되돌아갈 수밖에 없었다.

우리는 출발점으로 되돌아가서 이미 잘 알고 있다고 생각했던 (양의 정수를 대상으로 하는) 곱셈연산을 다시 분명하게 정의했다. 그리고 우리는 **분배법칙**이 (양의 정수를 대상으로 하는) 곱셈연산의 근본적인 특징이라는 결론을 내렸다.

그 후 우리는 이 '근본적인 특징'을 그대로 유지하면서 곱셈의 영역을 모든 정수(양의 정수와 음의 정수)로 확장하고자 했다. 그리고 (엄밀한 증명은 하지 않았지만) 1 곱하기 N은 N이라는 조건과 분배법칙이 성립한다는 조건을 내건 상태에서 곱셈의 정의를 모든 정수영역으로 확장시키는 방법이 **단 한 가지**라는 결론에 도달하게 되었으며, 이것을 곱셈에 대한 (확장된) 유일한 정의로 받아들이기로 했다.

바로 이 (확장된) 정의에 의해 음수에 음수를 곱하면 양수가 된다는 결론을 내릴 수 있는 것이다.

 봄벨리의 수수께끼

31. 카르다노와 타르탈리아의 논쟁

지롤라모 카르다노는 자신의 저서 《위대한 술법》에 실었던 수학문제의 해법 때문에 격렬한 논쟁에 휘말렸다. 그런데 과학분야에서 흔히 발생하는 논쟁과 달리, 이 논쟁은 (적어도 처음에는) "해법의 창시자는 누구인가?"를 놓고 벌어진 논쟁이 아니었다. 카르다노는 자신의 저서에서 세 번씩이나 이 문제의 해법을 가르쳐 준 자신의 친구 니콜로 타르탈리아(Niccolò Tartaglia)에게 감사의 뜻을 전했으며, 심지어 《위대한 술법》에 다음과 같은 글까지 남겼다.

볼로냐의 스키피오 페로(Scipio Ferro)*는 근 30년 전에 이 법

---

*) 이 사람의 정식 이름은 스키피오네 드 플로리아노 드 게리 달 페로(Scipione de Floriano de Geri dal Ferro, 1465～1526으로 추정)이며, 당시에 출간된 책에서는 달 페로(Dal Ferro)나 델 페로(Del Ferro), 페로(Ferro), 페레오(Ferreo)라 불리기도 한다. 그러나 당시 사람들이 그를 칭할 때 가장 흔히 사용했던 이름은 달 페로였으므로, 이 책에서도 그렇게 부르기로 한다. 볼로냐대학교의 도서관에서 달 페로의 원본 논문을 발견했던 보르톨로티(Bortolotti)도 이 이름을 사용했다(그는 봄벨리가 남긴 저서의 편집위원 중 한 명이다).

칙을 발견하여 베네치아의 안토니오 마리아 피오레(Antonio Maria Fiore)에게 알려 주었다. 그런데 당시 피오레는 자신과 경쟁 관계에 있었던 브레시카의 타르탈리아에게 이 법칙을 공개하지 않았고, 타르탈리아는 그것을 스스로 알아내었다. 나는 타르탈리아에게 여러 번 간청하였고, 그(타르탈리아)는 구체적인 증명은 생략한 채 그 내용을 나에게 알려 주었다.[1]

이 글에서 우리의 관심을 끄는 것은 **경쟁**이라는 단어이다. 그들은 과연 무엇을 놓고 경쟁을 벌였을까?

볼로냐에서 유학생활을 하다가 1535년에 베네치아로 돌아온 피오레는 타르탈리아에게 **공개적인** 문제풀기 시합을 벌일 것을 제안했다. 지금으로서는 그것이 구체적으로 어떤 종류의 시합이었는지 알 길이 없다. 혹시 지적인 팔리오(*palio*)*의 일종이었을까? 아무튼 당시에는 이런 식의 지적인 결투가 일종의 유행처럼 퍼져 있었다. 도전자가 문제를 제출하고 여기에 자신이 경쟁하고 싶은 상대의 이름을 첨부하여 공공장소에 게시하면(이것을 카르텔로(*cartello*)라 한다) 시합(*sfido*)이 성립되는 식이었는데, 훗날 이것은 결투(*duello*)라는 명칭으로 정착되었다. 아마도 이 시합은 음식과 술을 제공하는 일종의 잔치 같은 분위기 속에서 치러졌을 것이다. 그렇다면 청중의 규모는 어느 정도였으며, 어디에 앉아서 시합을 구경했을까?

---

*) 팔리오(*palio*)는 매해 여름 시에나(Siena)의 피아자 델 캄포(Piazza del Campo)에서 개최된 말 경주를 일컫는다. 이곳에는 제법 넓은 광장이 있는데, 사실 말 경주를 할 수 있을 정도로 넓지는 않다.

이 공개시합에서 피오레는 유리한 고지를 선점하고 있었다. 자신의 스승인 달 페로에게 해법을 전수 받은 3차방정식 문제를 출제했기 때문이다. 그가 제시했던 문제는 아마도 다음과 같은 유형이었을 것이다. 다음 방정식의 모든 해를 구하라.

$$X^3 = 6X + 40,$$

또는

$$X^3 = X + 1,$$

또는

$$X^3 + 1 = 3X$$

앞서 지적한 대로, 이 방정식의 "모든 해를 구하라"는 말에는 다소 모호한 구석이 있다. 바스카라가 제시했던 벌떼 문제의 경우처럼(4절 참조) 양의 정수해만 구하라는 뜻인가? 또는 양수이건 음수이건 간에, 모든 정수해를 구하라는 뜻인가? 아니면 모든 가능한 실수해를 구하라는 것인가?(19절에 제시된 실수에 관한 논의 참조) 그 옛날 슈케가 $3/2 + \sqrt{-1.75}$와 $3/2 - \sqrt{-1.75}$를 구해 놓고 포기했던 것처럼, 허수를 포함하는 "불가능한 해"를 제외시키고 일상적인 해만을 취하라는 뜻인가?(4절 참조)

물론 피오레가 공식적으로 제기했던 문제는 위와 같은 대수학적 언어가 아니라 일상적인 언어로 표현되어 있었다. 사실 위에서 언급한 첫 번째 문제 $X^3 = 6X + 40$(자신의 세제곱이 자기 자신의 6배에 40을 더한 값과 같은 수를 구하라)은 숙달된 사람에게는 너무나 쉬운 문제이다. 4의 세제곱(64)은 4의 6배(24)에 40을 더한 값과 같다. 즉 $X=4$는 $X^3=6X+40$의 해이다. 이것은 주어진 방정식을 만족하는 유일한 정수해이다.[2]

두 번째 문제 $X^3=X+1$은 단 하나의 실수해를 가지며,[3] 16세기 수학자들이 공정한 시합을 벌이기에 적절한 문제라고 할 수 있다. 당시에는 방정식의 일반적인 해법이 개발되지 않아서 이런 특수한 문제의 해답은 극소수만이 알고 있었기 때문이다. 이 방정식의 해법은 나중에 따로 소개할 예정이다.

세 번째 문제 $X^3+1=3X$는 서로 다른 세 개의 실수해를 갖고 있으며, 두 번째 문제의 해법으로는 해를 구할 수 없을 것처럼 보였을 것이다. 내가 보기에 이 문제는 공정한 시합을 벌이기에 적절하지 않다. 세 개의 실수해가 쉽게 떠오르지 않는 3차방정식의 '표준 해법'은 훗날 라파엘 봄벨리에 의해 개발되었는데, 그는 이 과정에서 새로운 문제와 직면하여 그 후 20여 년 동안 《대수학(L' $Algebra$)》을 집필했다(이 책에 쓰인 《대수학》은 모두 봄벨리의 이 책을 지칭한다 : 옮긴이).

그러나 이런 문제들은 공개적으로 경합을 벌이는 문제해결사들에게 적합하지 않다. 몬티 파이튼(Monty Python, 1960년대에 결성된 영국의 유명한 코미디 그룹 : 옮긴이)이 무대에 올렸던 풍자극 중에는 토머스 하디(Thomas Hardy)가 관중들로 가득 찬 축구 경기장의 한 구석에 앉아 소설 《귀향($Return\ of\ the\ Native$)》을 구상하면서 깊은 고뇌에 빠지는 장면이 있다. 그때 축구 중계를 하던 아나운서는 몹시 흥분한 상태에서 하디가 써 내려가는 소설의 내용을 관중들에게 일일이 읽어 주고 있었다. 16세기 문제해결사들이 위와 같은 문제로 경합을 벌였다면, 마치 이와 비슷한 상황이 연출되지 않았을까?

　타르탈리아는 피오레처럼 강력한 해법을 알고 있지 못했으므로 사실 경합에서 질 수밖에 없는 처지였다. 훗날 타르탈리아가 남긴 글을 보면, 그가 피오레와 경합을 벌이면서 얼마나 심한 정신적 고통을 겪었는지 짐작할 수 있다.[4] 타르탈리아는 경합 바로 전날에야 귀중한 해법을 발견했기 때문이다. 달 페로에게 해법을 전수받아 자신만만했던 피오레가 타르탈리아에게 의표를 찔린 것이다. 오이스타인 오레(Oystein Ore)는 《위대한 술법》의 서문에 "피오레는 굴욕적인 패배를 감수해야 했다"[5]고 적어 놓았다.

　문제풀기 시합이 끝난 후 카르다노는 여러 차례에 걸쳐 타르탈리아에게 해법을 설명해 달라고 간청했고, 타르탈리아는 카르다노를 만난 자리에서 마침내 그 내용을 공개했다. 훗날 카르다노와 타르탈리아는 서로 앙숙이 되었는데, 논쟁의 핵심은 "문제를 푼 사람이 누구인가?"가 아니라 "카르다노가 타르탈리아의 해법을 자신의 책에 수록할 때 타르탈리아의 양해를 구했는가?"였다(물론 카르다노는 자신이 소개한 해법의 원조가 타르탈리아임을 분명하게 밝혔다). 여기서 잠시 오레의 진술을 들어 보자.

> 타르탈리아의 주장에 의하면, 카르다노는 타르탈리아가 발견한 해법을 절대 공개하지 않기를 성서에 걸고 엄숙하게 맹세하였으며, 혹시 기록으로 남기더라도 카르다노가 죽고 나면 아무도 알아볼 수 없도록 암호로 기록할 것을 굳게 약속했다고 한다.[6]

그런데 이 진술은 로도비코 페라리(Lodovico Ferrari, 카르다노의 제자이자 조수였던 그는 훗날 4차방정식의 해법을 개발하였다)의 증언과 정면으로 상충된다. 페라리는 자신이 카르다노와 타르탈리아가 만난 자리에 함께 있었으며, 비밀을 지키겠다는 서약 같은 것은 전혀 없었다고 증언했다. 페라리는 훗날 200스쿠디의 상금이 걸린 과학문제를 놓고 타르탈리아에게 도전했다.

> 내가 지적한 대로, 당신은 나의 스승이신 지롤라모 선생님(카르다노)을 중상모략 했다. 그분에 비하면 당신은 하찮은 존재에 불과하다.[7]

르네상스 말기 특유의 문체로 강한 자존심을 피력한 페라리의 글은 거의 비슷한 시기에 출간된 봄벨리의 저서의 어조와 큰 차이를 보인다.

32. 봄벨리의 대수학

라파엘 봄벨리(1526∼1572)는 16세기 중반에 근 20년 동안 심혈을 기울여 《대수학》이라는 명저를 완성하였다. 책의 제목은 바로 이 책의 주제로서, 아랍권의 수학으로부터 커다란 영향을 받았다는 사실을 반영하고 있다. 특히 봄벨리는 무하마드 이븐 무사 알콰리즈미(Muhammad ibn Mūsā al-Khwārizmī)의 저서인 《키탑 알 자브르 와 알 무카발라(Kitāb al-jabr wa al-muqābalah)》로부터 지대한 영향을 받았다. 봄벨리는 알콰리즈미의 논문[8]을 평가할 때 그 독창성을 충분히 강조하지 않았지만, 현대 학자들 중 적어도 한 사람은 '미지수'에 관한 알콰리즈미의 새로운 관점(기하학과 대수학의 통합)[9]과 그가 창안했던 대수학의 구조적 특성을 높게 평가하고 있다(그러나 저자는 그 한 사람이 누구인지 밝히지 않고 있다. 아마도 저자 자신을 의미하는 것 같다 : 옮긴이). 아랍어 제목에서 알 자브르(al-jabr)는 등식의 한쪽에 있는 항을 다른 쪽으로 옮기면서 부호를 바꾸는 조작을 뜻하며, 알 무카발라(al-muqābalah)는 '비슷한' 항(동류항)들을 한데 합치는 조작을 의미한다.[10]

봄벨리는 토스카나 지방에 있는 키아나 습지 배수공사에 참여했던 토목 기사였으며, 이 공사가 중단되는 동안에만 집필에 몰두할 수 있었다. 그의 대표작인 《대수학》은 동시대의 다른 작가나 학자들이 쓴 책과 비교할 때 훨씬 논리 정연하고 체계적이어서, 언뜻 보기에는 마치 현대의 대학 교과서와 비슷하다. 이 책은 단지 몇 년 먼저 출간된 카르다노의 《위대한 술법》처럼 요란하지도 않고, 비에트의 논문(20절 참조)처럼 현란하지도 않다. 반면에 《대수학》에는 마치 사적인 일기인 것 같은 부분이 군데군데 있다. 여기에는 봄벨리의 망설임과 난처함, 그리고 20년의 세월을 보내면서 서서히 변해온 그의 수학관이 적나라하게 기록되어 있는데, 앞으로 우리는 이 책을 근거로 하여 그의 관점의 변천과정(특히 세제곱근에 대한 관점의 변천)을 살펴볼 예정이다. 봄벨리는 이탈리아어로 글을 썼기 때문에(아마도 《대수학》은 이탈리아어로 집필된 최초의 장편 수학책일 것이다) 단테(Dante)가 그랬던 것처럼 적절한 용어를 새로 만들어 내는 데 많은 시간을 할애해야 했다.

봄벨리의 작업은 모두 다섯 권으로 구성되어 있다. 그중 제1권은 기본적인 연산(제곱, 세제곱, 제곱근, 세제곱근 구하기 등)을 다루고 있으며, 제2권에는 미지수의 개념과 3차방정식의 해법 등 대수학 이론에 관한 전반적인 내용이 수록되어 있다. 또한 제3권에는 봄벨리의 이론을 활용한 응용문제들이 제시되어 있다. 봄벨리가 살아 있는 동안에는 총 5권 중 앞의 3권만이 출판되었다. 그는 나머지 부분이 아직 "수학이 요구하는 완벽한 수준에 이르지" 못했기 때문에 출간할 수 없었다고 하면서 이 점에 대해 양해를 구했다.

세속적이고 감각적인 힌두와 초기 이탈리아 문헌의 문제들과는 달리, 봄벨리가 출제한 문제는 어느 정도 학문적 품위를 갖추고 있었다. 여기서 잠시 그의 자랑을 들어 보자.

> (나는) 사람들이 일상적으로 하는 행위로 수학 문제를 가리키는 이들(물품매매상, 대금업자, 환전상, 세금징수원, 통화의 가치를 매기는 사람, 조합의 손익을 계산하는 사람 등)과 완전히 다른 방식으로 문제에 접근하였다. 이들은 수학을 도구 삼아 현실적인 이득을 추구하고 있지만, 나는 수학의 고결한 가치를 추구하면서 그에 걸맞은 문제들만을 엄선하였다···.[11]

《대수학》에서 음수의 제곱근이 처음 등장하는 대목은 다소 생뚱맞은 감이 있다. 이 개념은 대수학 공식을 나열하는 도중에 불쑥 나타나는데, 관련 내용을 읽어 보면 저자인 봄벨리 자신도 매우 놀랐던 것 같다. 그는 "기존의 세제곱근과 전혀 다른 성질을 갖는 새로운 형태의 세제곱근을 발견하였다"*고 하면서, 이 세제곱근이

---

*) 봄벨리의 책에서 '허수 세제곱근'은 3차방정식의 일반적인 해법을 논하는 도중에 느닷없이 등장한다. *L'Algebra*, p. 133 참조.

"많은 이들에게 현실성이 없는 궤변적인 해로 보일 것 같은데, 나조차도 전에는 그렇게 생각했다"고 썼다.

봄벨리는 자신의 책에 우연한 계기로 등장한 허수(음수의 제곱근 또는 세제곱근)를 간단한 형태로 표기할 수가 없었다. 이 수들은 3차방정식의 해를 세제곱근의 합으로 표현하는 과정에서 부수적으로 도입되었다. 그러나 이 수들이 처음 등장할 때 혀가 꼬일 만큼 그 형태가 복잡했던 것은 사실 이례적인 일이 아니다. 새로운 개념이 처음부터 명확하게 '이론화된' 형태로 나타나는 경우는 매우 드물다.

봄벨리가 발견했던 '세제곱근'의 정체는 무엇인가? 그는 평소에 카르다노를 깊이 존경했지만, 이 부분에서는 카르다노뿐만 아니라 다른 누구의 이름도 언급하지 않았다. 그가 선배 수학자들의 이름을 거론하지 않은 이유는 아마도 '새로운 형태의 세제곱근'이 카르다노가 말한 '궤변적 음수', 즉 허수로 **항상** 표현될 수 있다는 사실을 간파하지 못했기 때문일 것이다. 봄벨리는 자신이 얻은 근이 **완전히 새로운 근**이자 **실제로 존재하는** 근이라고 굳게 믿었으나, '존재'의 의미를 정확히 밝히지는 않았다. 봄벨리의 책을 읽는다는 것은, 봄벨리가 오랜 세월 동안 몰두했던 다음의 질문에 함께 몰입한다는 것을 의미한다. **"이런 형태의 세제곱근은 정말로 존재하는가? 이들은 무엇을 의미하는가?"**

지금부터 위에서 언급한 해의 생김새와 그에 대한 봄벨리의 생각을 알아보기로 하자.

33. "나는 기존의 해와 전혀 다른 새로운 종류의 세제곱근을 구했다."

앞에서 우리는 2차방정식의 '일반적인' 해법을 논한 적이 있다(8절 참조). 다음과 같은 방정식

$$X^2 + bX + c = 0$$

(b, c는 이미 주어진 상수)을 만족하는 X는 두 개가 있으며, 그 값은 다음의 근의 공식으로 계산할 수 있다.

$$X = \frac{-b + \sqrt{b^2 - 4c}}{2} \quad \text{또는} \quad X = \frac{-b - \sqrt{b^2 - 4c}}{2}$$

봄벨리는 3차다항식에 대하여 이와 비슷한 공식을 구하고자 했는데, 특히 다음과 같은 형태의 3차식 [12]

$$X^3 = bX + c$$

(b, c는 이미 주어진 상수)에 지대한 관심을 보였다. 그는 카르다노와 타르탈리아, 달 페로 등이 사용했던 전통적인 방법을 따랐으며, 특히 달 페로가 구했던 일반해(제곱근과 세제곱근으로 표현되는 일반해)에 많이 의존하였다. 달 페로의 공식은 2차방정식의 근의 공식보다 복잡하지만 다루기 어려운 정도는 아니다. 이에 대해서는 앞으로 차근차근 설명할 예정이니 다음 공식을 보면서 인상을 찌푸릴 필요는 없다.

$$X = \sqrt[3]{\frac{c}{2} + \sqrt{\frac{c^2}{4} - \frac{b^3}{27}}} + \sqrt[3]{\frac{c}{2} - \sqrt{\frac{c^2}{4} - \frac{b^3}{27}}}$$

달 페로의 공식

이 식을 보고 머릿속이 혼란스럽다면 당신의 머리는 지극히 정상이다. 16, 17세기의 수학자들도 사정은 마찬가지였다. 2차방정식의 근의 공식의 경우처럼 세제곱 연산에 익숙하고 계산을 두려워하지 않는다면, 위에 제시된 X의 세제곱이 $bX + c$임을 확인할 수 있을 것이다. 즉 그 의미야 어떻든 간에, 달 페로의 공식을 이용하면 $X^3 = bX + c$의 해를 구할 수 있다. 만일 이것이 전부라면 달 페로의 공식은 제한된 경우에만 사용되었을 것이다. 앞으로 알게 되겠지만(12장 참조), 우리가 허수를 상상함으로써 얻는 소득 중 하나는 달 페로의 공식에 대한 명확한 해석을 내릴 수 있다는 점이다.

때로 달 페로의 공식은 복잡한 계산 없이 $X^3 = bX + c$의 해를 제공해 주기도 한다. 지금부터 이 괴물 같은 공식을 좀 더 자세히 살펴보자.

$c^2/4 - b^3/27$이 양의 실수인 경우, 달 페로의 공식에서 세제곱근 기호($\sqrt[3]{}$) 안에 들어 있는 수도 양의 실수이다(첫 번째 항은 항상 양수이고, 두 번째 항에서 세제곱근 안에 들어 있는 수는 $c/2$에서 $c/2$보다 작은 값을 뺀 수이므로 역시 양수이다 : 옮긴이). 그런데 임의의 양수는 반드시 양의 세제곱근을 갖고 있으므로, $c^2/4 - b^3/27 > 0$일 때 달 페로의 공식으로 얻어지는 X는 양의 실수이며, 이 값은 방정식 $X^3 = bX + c$를 만족한다. 구체적인 계산은 달 페로의 공식을 그대로 따라가면 된다. $c^2/4 - b^3/27$의 제곱근을 먼저 계산

한 후, 이 값을 $c/2$에 더하고 빼서 두 개의 수를 구한 다음, 각각의 값에 세제곱근을 취해서 서로 더하면 된다. 다행히 지금의 경우($c^2/4 - b^3/27 > 0$), 방정식 $X^3 = bX + c$에는 단 하나의 실수해만이 존재한다. 따라서 이것으로 문제가 풀린 셈이다!

　문제를 **풀었다고**? 글쎄, 과연 그럴까? 지금부터 달 페로의 공식에 대하여 좀 더 정확한 평가를 내려 보자. 이 공식은 2차방정식의 일반해에 해당하는 근의 공식처럼, 3차방정식에 적용되는 근의 공식이라 할 수 있다. '일반적인' 3차방정식 $X^3 = bX + c$의 해를 구하고 싶으면, $c^2/4 - b^3/27$의 제곱근을 계산한 후 달 페로의 공식을 따라 세제곱근을 구하여 두 개의 항을 더하면 된다. 기초적인 대수학만 알고 있으면 이 계산은 누구나 할 수 있다. 그러므로 달 페로의 공식은 '3차방정식을 푸는 문제'를 '제곱근과 세제곱근을 계산하는 문제'로 바꿔 주는 공식인 셈이다. $c^2/4 - b^3/27 > 0$일 때 이 모든 과정은 봄벨리 이전의 수학자들에게도 잘 알려져 있었다.

　그러나 봄벨리의 주된 관심은 이보다 더욱 복잡한 경우, 즉 $c^2/4 - b^3/27 < 0$인 경우였다. 표기상의 편리를 위해 앞으로 $c^2/4 - b^3/27$을 d라 하고, 이 값을 '지표(indicator)'라 부르기로 하자.[13] 그러면 우리의 방정식 $X^3 = bX + c$는 $d > 0$, $d = 0$, $d < 0$의 여부에 따라 전혀 다른 형태의 해를 갖게 된다. 지표가 0보다 크면(이 경우는 앞에서 이미 다루었다) $X^3 = bX + c$는 단 하나의 실수해를 가지며, 그 값은 달 페로의 공식으로 계산할 수 있다. 그러나 지표가 0보다 작으면(봄벨리가 관심을 가졌던 경우) 난해한 수수께끼에 직면하게 된다.

첫째, $d<0$일 때 방정식 $X^3 = bX + c$는 서로 다른 세 개의 실수해를 갖는다. 계산해야 할 해가 세 개로 늘어나는 것이다. 둘째, 앞에서 정의한 지표 d를 사용하면 달 페로의 공식

$$X = \sqrt[3]{\frac{c}{2} + \sqrt{\frac{c^2}{4} - \frac{b^3}{27}}} + \sqrt[3]{\frac{c}{2} - \sqrt{\frac{c^2}{4} - \frac{b^3}{27}}}$$

은 다음과 같이 축약될 수 있다.

$$X = \sqrt[3]{\frac{c}{2} + \sqrt{d}} + \sqrt[3]{\frac{c}{2} - \sqrt{d}}$$

눈치 빠른 독자라면 위의 식을 보면서 난처한 상황에 빠졌음을 금방 알아차렸을 것이다. 지금 우리는 지표 d가 음수인 경우를 다루고 있으므로 $\sqrt{d}$는 허수임이 분명한데, 여기에 또 다시 세제곱근을 취해야 우리가 원하는 해를 구할 수 있다. 허수의 세제곱근이라니, 과연 그런 수가 **존재할까?** 존재한다면 그 의미는 무엇인가? 이런 공식으로는 $X^3 = bX + c$를 만족하는 서로 다른 세 개의 실수해를 도저히 구할 수 없을 것 같다. 그런데 더욱 당혹스러운 것은 달 페로의 공식이 주장하는 X가 원래의 방정식을 항상 만족한다는 점이다. 미지수 X에 달 페로의 공식을 대입하고 약간의 계산과정을 거치면 X의 의미가 무엇이건 간에

$$X^3 = bX + c$$

가 항상 성립한다.

독자들은 지금의 상황이 슈케가 "자신을 세 배한 값이 자신의 제곱에 4를 더한 값과 같은 수($3X = X^2 + 4$)"를 구하다가 실수가 아닌 해들에 직면했던 상황과 다를 바 없다고 생각할지도 모른다. 슈케는 자신이 구한 해가 "불가능하다"고 주장했다. 즉 실수 중에는 "자신을 세 배한 값이 자신의 제곱에 4를 더한 값과 같은 수"가 존재하지 않는다는 것이다. 그러나 봄벨리의 경우는 상황이 더욱 복잡한데, 그의 방정식은 세 개의 실수해를 갖고 있음이 분명하기 때문이다. 또한 봄벨리는 달 페로의 공식으로 지표가 음수인 3차방정식을 풀 수는 있지만 해를 표현할 수는 없는 난처한 상황에 처해 있다.

봄벨리의 수수께끼에 좀 더 가까이 접근하기 위해 지표 $d(= c^2/4 - b^3/27)$가 0인 경우에 방정식의 해를 구해 보자. 이 조건을 만족하는 방정식 중 하나는 다음과 같다.

$$X^3 = 3X - 2$$

이것은 위에서 제시했던 일반적인 형태의 방정식에 $b = 3$, $c = -2$를 대입한 것으로, 이 경우에 지표 $d = c^2/4 - b^3/27$의 값은 0이다. 이 방정식은 두 개의 해($X = 1, -2$)를 갖고 있는데, 지금부터 달 페로의 공식이 이 값을 어떻게 제공하는지 알아보기로 하자.

달 페로의 공식에 $b = 3$, $c = -2$를 대입한 결과는 다음과 같다.

$$X = \sqrt[3]{-1} + \sqrt[3]{-1}$$

이건 또 무슨 뜻인가? 이 결과를 어떻게 해석해야 하는가?

이제 우리는 방정식 $X^3 = 3X - 2$를 심층 분석하는 흥미로운 단계에 접어들었다. 우리는 두 개의 실수해($X = 1, -2$)를 알고 있지만, 이들이 -1의 세제곱근의 합으로 표현된다는 이상한 상황에 직면해 있다. 그러므로 우리에게 주어진 과제는 달 페로의 공식으로 얻은 이상한 표현에 대하여 적절한 해석을 내리는 것이다. 이 이상한 표현이 방정식 $X^3 = 3X - 2$의 두 실수해를 제공하는 이유는 나중에 증명할 예정이다(43절 참조). 구체적인 계산은 나중에 하더라도, 달 페로의 공식으로 두 개의 해 중 하나를 구할 수 있다는 사실은 지금 당장이라도 증명할 수 있다(후주 참조).[14]

봄벨리는 달 페로의 공식으로 구한 해를 놓고 다음과 같이 말했다(지표가 0이거나 음수인 경우).

> 이런 종류의 근은 일반적인 근과 전혀 다른 특성을 갖고 있으므로 이름도 다르게 지어야 한다… 대다수의 사람들은 이런 해를 보면서 현실성이 없는 궤변적 해라고 생각할 것이다. 나 자신도 그것의 기하학적 증명을 발견하기 전에는 그들처럼 생각했다.[15]

여기서 말하는 "기하학적 증명"이란 과연 무엇일까? 《대수학》[16]의 제5권(이 책은 봄벨리 사후에 출판되었다)을 보면, 일반각을 3등분하는 과정에 3차방정식이 개입되며, 3차방정식의 해를 구할 수 있으면 일반각을 3등분할 수 있음을 봄벨리가 이해했다는 것을 알 수 있다. 봄벨리가 말했던 "기하학적 증명"이 과연 이것일까?

각을 3등분하는 작업과 3차방정식 사이의 관계는 비에트의 저서 《해석학 입문》에 구체적으로 서술되어 있다.[17] 비에트는 여기서 한 걸음 더 나아가, 각도를 5등분하는 작도법이 5차식과 밀접하게 관련되어 있으며, 더 높은 차수에서도 이와 유사한 관계가 성립한다는 사실을 알아냈다. 각도의 분할과 다항식 사이의 상호관계는 초기 삼각법의 주된 내용이었다. 이 문제는 이 책의 3부에서 다시 다룰 예정이며, 63절에서 3차방정식의 해법과 기하학적 방법을 연결시킬 것이다.

봄벨리는 이 모든 의심스러운 상황에도 불구하고 새로운 형태의 해를 끈질기게 붙잡고 늘어졌다. 《대수학》을 읽고 있노라면 봄벨리의 집중력에 감탄하지 않을 수 없다. 이 점에서 봄벨리는 철저히 근대적인 수학자였다.[18] 21세기를 살고 있는 우리는 알고리듬이나 공리, 논리회로, 소프트웨어 등의 용어에 익숙하다. 정확한 작동방식만 알고 있으면 더 이상 질문할 필요가 없다(알고리듬은 스위스의 수학자 오일러가 개발했던 문제 해법의 하나로서, 반복연산을 통해 복잡한 문제의 근사적인 해를 구하는 방법이다 : 옮긴이). 또한 언어와 기호, 그리고 이들을 조합하는 법칙만 주어진다면, 우리는 모든 가능한 조합을 동원하여 규칙이 허용하는 모든 구조를 만들어 낼 수 있다.

알고리듬(반복)에 입각한 이 모든 행위는 우리의 직관과도 잘 일치한다. 일반적으로 우리의 상상력은 이 모든 행위를 수행할 수 있을 만큼 충분히 발달되어 있다. 그러나 봄벨리와 우리는 허수와 '새로운 형태의 해'의 사용을 미심쩍어한다는 점에서는 일치한다. 이 책의 목적은 과거 수학자들이 펼쳤던 상상의 세계를 재현하여 이러한 의구심을 해소하고, 그들이 $\sqrt{-1}$과 같은 생소한 숫자를 수용하게 된 발상의 전환과정을 정신적 고문 없이 편안하게 이해하는 것이다.

34. 알고리듬의 관점에서 본 수

지표 $d = c^2/4 - b^3/27$이 0보다 큰 '비교적 쉬운 경우'를 논할 때 나는 달 페로의 공식으로 근을 계산할 수 있다고 말했었다(먼저 d의 제곱근을 계산한 후 공식에 따라 연산을 진행하면 된다). 달 페로의 공식에는 제곱근을 계산하는 방법이 따로 언급되어 있지 않지만, 제곱근을 구할 수만 있다면 달 페로의 공식은 실수를 생산해 내는 일종의 **알고리듬**으로 해석될 수 있다. 특정한 수들의 표기법은 종종 그것들을 계산하는 데 필요한 알고리듬을 제시한다. 예를 들어 $2^{21} - 1$은 $7 \times (300{,}000 - 407)$과 같고 십진법 표기로는 $2{,}097{,}151$인데, 각각의 표기법은 이 수의 계산법을 나름의 방식으로 보여 주고 있다($2^{21} - 1$은 2를 21번 곱한 후에 1을 빼라는 뜻이다).

그러나 지표 d가 0보다 작은 경우 달 페로의 공식은 해를 계산하는 알고리듬으로 적절치 않은 듯이 보인다(근사값조차 구할 수 없다). 봄벨리가 직면했던 수수께끼란, 지표가 음수일 때 달 페로의 공식을 적절히 해석하여 3차방정식의 해를 계산하는 것이었다.

이 수수께끼를 어떻게 풀어야 할까? 봄벨리의 책에서 힌트를 얻을 수 있다. 33절에서 말한 바와 같이, 한 세대가 지난 후 비에트는 기하학에서 결정적인 힌트를 찾게 된다. 봄벨리의 수수께끼에 대한 더욱 완벽한 해답은 알베르 지라르(Albert Girard)가 1629년에 출간한 《대수학에서의 새로운 발견(*New Invention in Algebra*)》[19]에서 찾아볼 수 있다. 그러나 봄벨리가 직면했던 수수께끼의 저변에 깔려 있는 기하학을 제대로 이해한 사람은 그로부터 150여 년 후에 활약했던 아브라함 드무아브르(Abraham De Moivre)였다. 그가 창안한 허수의 기하학적 구현법은 11장에서 다룰 예정이다.

35. 미지수의 이름

비에트는 미지수를 'species'라는 특별한 이름으로 불렀지만, 현대의 대수학 방정식에서는 미지수를 X로 표기한다(대부분의 책에서는 소문자 x를 사용한다 : 옮긴이). 물론 반드시 X를 써야 한다는 규칙은 없으며 경우에 따라서는 어떤 문자도 미지수가 될 수 있다. 또 미지수에 지수를 붙일 때는 다른 일반적인 수의 경우와 마찬가지로 오른쪽 위에 작은 숫자로 표기한다. 예를 들어 미지수 X의 5제곱은 X^5이다.

라틴어 서적에서는 미지수를 칭하는 단어로 *res*('사물'이라는 뜻)가 사용되었고 이탈리아어 서적에서는 *cosa*(역시 '사물'이라는 뜻)가 사용되었다.[20] 그러나 봄벨리는 미지수를 칭할 때 *cosa*라는 단어 대신 양(amount, quantity)을 뜻하는 *tanti*를 주로 사용하였는데, 여기서 우리는 음수의 제곱근에도 구체적인 수의 속성을 부여하고자 했던 봄벨리의 의지를 엿볼 수 있다. 봄벨리의 주장을 직접 들어 보자.

아직 결정되지 않은 수(미지수)는 *Cosa*라고 부르는 것보다 *Tanto*라고 부르는 것이 타당하다. 왜냐하면 *Tanto*는 *Cosa*와 달리 어떤 '수적인 양'을 가리키기에 적합한 반면 *Cosa*는 숫자뿐만 아니라 우주의 모든 삼라만상을 통칭하는 의미를 담고 있기 때문이다.[21]

봄벨리가 미지수를 나타낼 때 사용했던 기호는 매우 함축적인 의미를 갖고 있다. 그는 둥그런 그릇처럼 생긴 기호를 미지수로 사용했으며, 미지수의 제곱을 표기할 때에는 그릇의 안쪽에 지수에 해당하는 숫자 2를 담아 놓았다. X^3을 봄벨리식 표기법으로 나타내면 아래 그림과 같다.

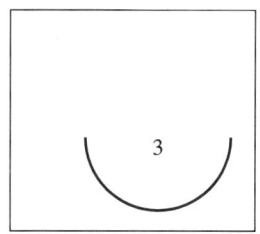

그림에서 보다시피 빈 그릇은 마치 어떤 **양**이 채워지기를 기다리고 있는 듯하다. 봄벨리의 책에서 방정식 $X^2/2 - 2X + 1$은 다음과 같은 형태로 표기되어 있다.

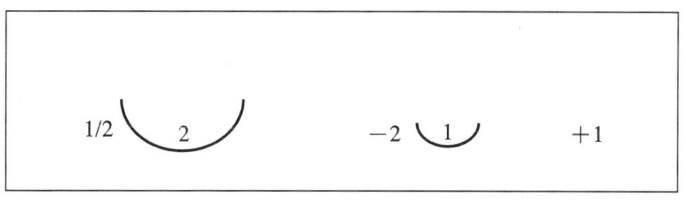

12세기 수학자 바스카라는 하나의 방정식에 미지수가 여러 개 등장할 때 각 미지수마다 독특한 이름을 부여하였다. 즉 첫 번째 미지수는 산스크리트어 *yávat-távat*('양'이라는 뜻)의 첫 음절을 따서 *yá*라고 불렀고, 나머지 미지수에는 고유한 색을 부여하여 각 색상을 의미하는 산스크리트어의 첫 음절로 미지수의 이름을 대신하였다.[22] (요즘 말로 하자면, 미지수의 이름으로 R, O, Y, G, B, V를 사용한 셈이다.) 바스카라는 왜 미지수에 색상을 대응시켰을까? 아마도 아무런 특징도 없는 미지수에 색을 입힘으로써 미지수를 생생하게 만들기 위해서였을 것이다.

36. 미지수와 수

"튤립의 노란빛(the yellow of the tulip)"이라는 시구에서 두 번 반복되는 관사 'the'에는 일종의 미묘한 모호함이 숨어 있다. 'the tulip'은 **일반적인 튤립**을 의미하는가? 아니면 어떤 특정한 튤립을 지칭하는가? 아니면 두 가지 의미를 모두 내포하고 있는가? 〈네이처(*Nature*)〉의 다큐멘터리 프로그램에서 "고리목 꿩은…"과 같이 권위에 찬 목소리의 해설을 들으면 의미의 모호함이 깨끗이 사라진다. 이 경우에 해설자가 말하는 꿩은 앞집에서 기르는 '그' 꿩이 아니라 '고리목' 꿩이라는 조류를 통칭하는 것이다.

그러나 대수학에 등장하는 미지수 X는 긍정적인 면에서 어느 정도 모호성을 갖고 있다. X는 아직 결정되지는 않았지만 특정한 값을 갖는 어떤 수로 채워질 일종의 '예약석'을 의미하는가? 아니면 그 의미에 상관없이 **범우주적인 양**을 나타내는가? 아니면 어떤 특정값으로 대치될 수 있는 독립적인 양을 의미하는가?

봄벨리가 사용했던 '그릇 표기법'은 앞으로 결정될 수를 위한 일종의 '예약석'을 의미했다. 그러나 봄벨리 시대의 책들에서 미지수는 위에 열거한 세 종류의 의미를 모두 취하고 있다. 18세기 초의 **대수학**(미지수(species)의 과학)은 종종 **보편적 산술학**(Universal Arithmetic)으로 불리곤 했는데, 대수학에 관한 뉴턴의 글에서 그 예를 찾아볼 수 있다.

> 계산법은 세속적인 산술학처럼 숫자를 대상으로 할 수도 있고, 대수학자들처럼 미지수(species)를 대상으로 할 수도 있다. 이들은 동일한 기초에 근거하고 있으며, 목적도 크게 다르지 않다. 산술학은 대상이 한정되어 있고 특정한 대상에 적용되는 반면 대수학은 대상이 한정되어 있지 않으며 보편적으로 적용된다는 점이 다를 뿐이다…. 그러나 그 내막을 들여다보면 커다란 차이점을 발견할 수 있다. 산술학적 문제는 주어진 양으로부터 다른 양을 구하면서 진행되지만, 대수학의 진행방향은 이와 정반대이다. 즉 대수학은 구하고자 하는 양을 마치 알고 있는 양처럼 간주하여 이들이 만족하는 일련의 방정식을 유도한 후, 방정식의 해를 구함으로써 문제를 해결한다. 이런 방법으로 접근하면 산술학만으로는 도저히 풀 수 없는 난해한 문제들도 풀 수 있다. 산술학과 대수학이 하나로 결합되면 완전한 계산의 과학이 탄생하지만, 사실 산술학은 대수학에 종속되는 일부분에 가깝다.[23]

이 인용문에서 뉴턴이 우아하게 표현한 지적 프로젝트('보편적 산술학'으로서의 대수학)의 정확성은, 보편적인 언어와 기호를 조합하여 **보편적 기호법**(*Characteristica Universalis*)을 창조하려 했던 라이프니츠(Leibniz)의 방대하고 모호한 프로젝트, 즉 인간의 모든 사유를 포괄하고 논쟁을 계산으로 대치하려 했던 추론 계산(*Calculus Ratiocinator*)과 분명히 대조된다. 라이프니츠는 "일종의 인간 사유의 알파벳, 즉 서로 조합하여 하위 개념들을 만들 수 있는 a, b, c, d, e, f와 같은 목록"[24]을 찾았다. 이 노력은 오늘날 컴퓨터의 논리와 언어에서 부분적으로 구현되었다.

    보편적 산술학과 **보편적 기호법**의 의미는 형용사 '보편적(universal)'의 쓰임에 따라 커다란 차이를 보인다. 전자의 경우, 미지수가 취할 수 있는 값의 범위를 의미하는 '보편'은 이미 **알려져 있다**. 봄벨리가 3차다항식을 다룰 때 마주쳤던 문제처럼, 이미 알고 있는 범위를 확장할 때에는 각별한 주의가 필요하다. 그러나 후자의 경우 '보편'이라는 말은 머릿속에 떠올릴 수 있는 모든 가능한 세계, 미지의 범위를 의미한다.

8 이미지 잡아 늘이기

37. 수직선의 신축성

다시 수직선으로 되돌아가서

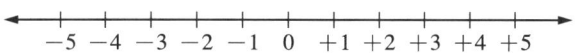

한 가지 간단한 실험을 해 보자. 우선 실험에 사용할 숫자 N을 고른다. N은 어떤 실수가 되어도 상관없지만 편의를 위해 일단은 간단한 정수라고 가정하자.

이제 수직선 위에 존재하는 모든 수에 N을 곱해 보자. 수직선에 어떤 변화가 나타날 것인가? 문제를 좀 더 단순화하기 위해 $N = +2$인 경우를 생각해 보자. 이 경우 수직선 상의 모든 수에 2를 곱하는 것은 원점과 각 지점 사이의 거리를 **두 배로 늘이는** 변환에 해당한다.

모든 수에 일괄적으로 2를 곱하면

$$
\begin{array}{ccc}
0 & \to & 0 \\
+1 & \to & +2 \\
-1 & \to & -2 \\
+2 & \to & +4 \\
-2 & \to & -4
\end{array}
$$

가 되며, 이 변환은 수직선을 고무줄로 간주하여 전체 길이를 두 배로 잡아 늘이는 변환으로 간주할 수 있다. 즉 2를 곱하면 0과 1 사이의 간격은 0과 2 사이의 간격으로 늘어나고, 0과 −1 사이의 간격은 0과 −2 사이의 간격으로 늘어난다.

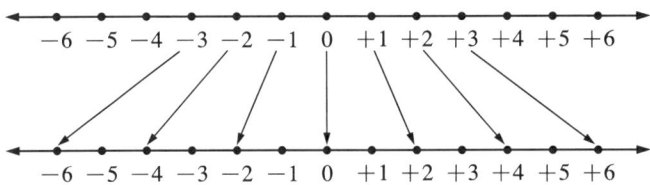

$N = 3$을 선택하여 모든 수에 일괄적으로 곱했다면 수직선 상의 모든 간격은 일제히 3배로 늘어난다. 이 변환은 다음 그림과 같이 세 배의 길이로 잡아 늘인 수직선으로 시각화할 수 있다.

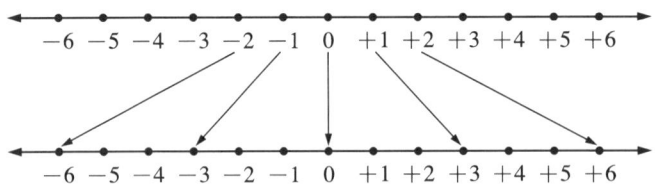

이와 같이 '특정한 수 N을 일괄적으로 곱하는 행위'는 '수직선

의 길이를 N배로 늘이는 변환'으로 이해할 수 있으며, 이 논리는 N이 정수일 때뿐만 아니라 임의의 수일 때에도 성립한다. N이 양수이면 이 변환은 일종의 **확대-축소변환**에 해당하는데, 1보다 큰 N을 곱하면 수직선의 스케일이 확대되고, 1보다 작은 N을 곱하면 수직선의 스케일이 축소된다. 예를 들어 수직선의 눈금을 인치 단위로 매겨 놓고 여기에 $N = 0.3937\cdots$을 일괄적으로 곱하면, 수직선의 눈금은 센티미터 단위로 변형된다(1센티미터 = $0.3937\cdots$인치).

일반적으로 양수 N을 곱하는 행위를 기하학적으로 해석하면 수직선 위에 있는 임의의 두 점 사이의 거리를 N배로 확대(또는 축소)시키는 행위에 해당한다. 단, $N = +1$을 곱한 경우에는 달라지는 것이 전혀 없다. 그렇다면 $N = -1$을 곱했을 때 나타나는 변화는 기하학적으로 어떻게 해석할 수 있을까?

임의의 양수에 -1을 곱하면 크기는 같고 부호가 반대인 음수가 된다. 그러나 이 책의 1부에서 줄곧 말했던 바와 같이 음수에 음수를 곱하면 양수가 된다. 즉 임의의 음수에 -1을 곱하면 크기가 같은 양수가 되는 것이다.

모든 수에 일괄적으로 -1을 곱하면, 0을 기준으로 수직선의 오른쪽에 있던 수(양수)들은 0과의 거리를 그대로 유지한 채 일제히 왼쪽으로 이동한다. 이 변환을 시각화하는 가장 간단한 방법은 0을 중심으로 수직선의 좌-우를 뒤집는 것이다. 또는 0을 중심으로 수직선을 180° 회전시켜도 동일한 변환을 얻을 수 있다. 이 경우 역시 수직선은 좌-우가 뒤바뀐다. 머릿속에서 이 변환을 상상할 때는, 수직선을 원점(0)에 작은 못을 박아 고정시킨 채 수직선이 속해 있는 평면 위에서 180° 회전시켰다고 생각하면 된다.

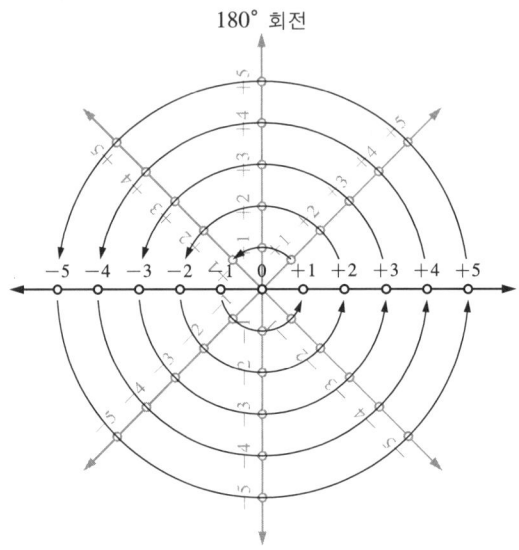

모든 실수에 −1을 일괄적으로 곱하는 연산은 수직선을 원점(0)을 중심으로 180° 회전시키는 변환에 해당한다.

+1이나 −1뿐만 아니라 임의의 실수 N(양수, 음수, 0)을 모든 실수에 일괄적으로 곱한 경우에도 각기 고유한 변환으로 이해할 수 있다.

$$
\begin{array}{rcl}
0 & \to & 0 \\
+1 & \to & +N \\
-1 & \to & -N \\
+2 & \to & +2N \\
-2 & \to & -2N
\end{array}
$$

$$+3 \quad \to \quad +3N$$
$$-3 \quad \to \quad -3N$$

역으로 수직선의 눈금 스케일을 일괄적으로 바꾸는 모든 변환은 특정 실수 N을 일괄적으로 곱하는 변환에 1 : 1로 대응된다. 수직선의 길이를 2배로 늘이는 변환은 모든 수에 +2를 일괄적으로 곱하는 변환에 대응되며, +2가 아닌 다른 수를 곱해서는 결코 2배로 늘이는 변환을 재현할 수 없다. 또한 수직선의 길이를 3배로 늘이는 변환은 모든 수에 +3을 곱하는 변환에 유일하게 대응된다. 다시 말해서 하나의 스케일 변환에 대응되는 수(일괄적으로 곱하는 수) N은 단 하나뿐이다. 그렇다면 모든 수에 0을 곱하는 변환은 어떻게 시각화할 수 있을까? −2의 경우는 어떤가? 당신에게 두 개의 수 N, M이 주어진 상태에서 먼저 N을 곱하여 수직선을 변환시킨 후, 그 수직선에 다시 M을 곱하여 또 한 번의 변환을 가했다면 최종적인 결과는 어떤 변환에 해당할 것인가? (답 : $M \times N$을 일괄적으로 곱한 변환에 해당한다.) '모든 수에 일괄적으로 N을 곱하여 변환된 수직선'은 곱셈연산에서 N이 하는 역할을 기하학적으로 표현한 것이다.

'기하학적 표현'은 수를 대하는 우리의 태도에 커다란 변화를 야기한다. 특히 음수의 제곱근인 허수를 만족스럽게 상상하고자 한다면 이 변화가 매우 중요하다. 이를 위해서는 우선 수 자체를 기하학적으로 생각할 수 있어야 한다.

이러한 태도 변화를 좀 더 강조하기 위해 깊게 설명하고 싶지만, 부담을 느끼는 독자들이 있을 것 같아 지금 당장은 생략하겠다. 우선은 기하학적 변환을 통해 숫자 N을 결정하는 방법에 대하여 알아보기로 하자.

주어진 수 N을 '수직선 상의 모든 수에 일괄적으로 N을 곱하는' 기하학적 변환으로 간주할 수 있을까? 예를 들어 숫자 2를 '(수직선 상의 모든 수를) 두 배로 늘이는 행위'로 간주할 수 있을까? 숫자 3은 '세 배로 늘이는 행위'에 대응될 것인가?

숫자 -1을 다시 떠올려 보자. 앞서 말한 대로 이 수를 기하학적으로 해석하면 수직선 전체를 180° 회전시키는 변환에 대응된다. 그런데 이 회전을 두 번 연속으로 적용하면 수직선은 원래의 위치로 되돌아오게 된다. 왜냐하면

$$(-1) \times (-1) = +1$$

이기 때문이다.

수를 어떤 '행위'로 이해하자는 지금의 논리는 결코 새로운 주장이 아니다. 수에 대하여 어떤 경직된 개념을 갖고 있는 사람들에게는 이상하게 들리겠지만, 그동안 우리는 수를 다양한 품사로 이해해 왔다. 수는 **형용사**가 될 수도 있고(세 마리의 소(three cows), 세 개의 1가 원소(three monads) 등), **명사**가 될 수도 있으며("둘은 외롭고 셋은 혼란스럽다" 등), 위에서 말한 기하학적 해석에 의하면 **동사**가 될 수도 있다(세 배로 늘이기(to triple) 등)(물론 이것은 영어를 염두에 두고 하는 말이다. 우리말에서 숫자를 칭하는 단어는 모두 명사에 속한다 : 옮긴이). 그러나 이런 변화무쌍한 전환에 벌써

부터 놀랄 필요는 없다. 21세기에도 수의 전기(傳記)는 아직 유아기를 벗어나지 못했기 때문이다.

38. '상상하기'와 '그리기'

우리는 2절에서 '상상하다(imagine)'라는 단어의 어원을 살펴본 적이 있다. 그러나 허구의 대상을 **상상하는 것**과 그것을 **시각화하는 것**은 매우 다른 행위일 수 있다(물론 경우에 따라서는 같을 수도 있다). 예를 들어 나는 (1절에서) 상자 안에 들어 있는 코끼리를 **상상해 보라**고 했는데, 이는 상상력으로 코끼리 그림을 떠올리라고 요구한 것이며, 그 이상은 아니다. 거대한 몸뚱이와 펄럭이는 귀, 나뭇등걸 같은 다리와 섬세한 꼬리를 가진 코끼리. 이 연습은 코끼리의 모습을 상상하는 것이었다. 이와 유사하게 코끼리의 냄새와 감촉을 상상하는 것은 비교적 쉬울 것이다. 그러나 코끼리의 구체적인 모습을 머릿속에 그리는 것과 상상 속에서 **코끼리가 되는 것**은 전혀 다른 이야기이며, 후자가 더 어렵다.

우리는 무언가를 시각화할 때 마음속의 스크린 위에 형상을 그린다. 까다롭긴 하지만 어쨌든 우리는 이런 행위를 한 적이 있다. 그러나 형상화하기 어려운 대상을 상상하려면 마음속에서 새로운 방법을 동원해야 한다.

시와 문학에 쓰인 어떤 대상이나 형태는 반드시 엄밀하게 상상해야 하지만, 이들을 직접적으로 시각화할 수 있는지 혹은 시각화해야 하는지는 더 어려운 문제이다. 카프카의 소설《변신》이 출간되던 무렵에 발행인은 카프카에게 책의 표지에 벌레를 그려 넣으면 어떻겠느냐는 편지를 보냈다. 카프카는 답장을 보내왔다.

> 안 됩니다! 제발 그리지 마세요! … 저의 책에 벌레를 그려선 절대 안 됩니다. 구석에 작게 그려 넣는 것도 절대 안 됩니다![1]

블라디미르 나보코프(Vladimir Nabokov)는 《변신》에 대해 강의하면서 카프카와 다른 의견을 피력하였다. 그때 나보코프는 다음과 같은 그림을 제시하였다.

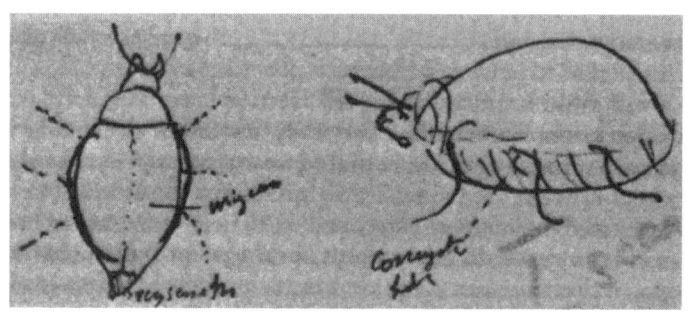

나보코프가 《변신》에 관한 강의노트의 첫 페이지에 스케치한 그림.(V. Nabokov, *Lectures on Literature*, ed. Fredson Bowers [Harcourt Brace, 1980], p. 250.)

나는 곤충의 기하학적 구조에 관한 나보코프의 고찰이 카프카의 의도를 탁월하게 표현한다고 생각한다. 나보코프는 그 곤충이 딱정벌레라고 확신했고, 그 곤충의 "딱딱하고 둥근 등이 겉날개를 암시한다"는 것에 주목했으며, "딱정벌레 그레고르는 자신의 딱딱한 등 아래에 날개가 있다는 사실을 결코 알지 못했다"고 생각했다. 또한 자신의 정확한 그림과 카프카가 제공한 추가 정보를 종합하여 다음과 같이 썼다.

> 그레고르는 옆구리에서 희미하고 묵직한 통증이 느껴질 때 말고는 꿈틀거리는 자신의 다리를 보지 않으려고 적어도 백 번이나 눈을 감으려 했다. 그것은 생전 처음 느껴 보는 이상한 통증이었다.[2]

나보코프는 형태학적인 문제를 지적한다. "딱정벌레는 눈꺼풀이 없기 때문에 눈을 감을 수 없다. 사람의 눈을 가진 딱정벌레라면 또 모를까." 그는 이 문제를 해결하기 위해 다음과 같이 썼다.

> 그레고르는 반쯤 깬 상태에서 자신이 곤경에 빠졌음을 알아차리고 어린아이처럼 모든 것을 받아들이려고 하면서도 여전히 인간적인 경험과 기억에 매달리고 있다. 아직 변신이 완전하게 끝나지 않았던 것이다.[3]

이것은 카프카의 명확한 표현에도 불구하고(아니 오히려 그 때문에) 구조적인 형상화를 넘어서는 상상력이 필요함을 절실히 느끼게 하는 사례이다.

몸에서 분리된 코가 "5등관으로 가장한 채 온 마을을 돌아다니는" 고골의 소설 《코》를 영화로 만들면 이야기의 포인트를 놓치기 쉽다. 고골은 자신의 글을 통하여 독자들을 자극하고 현혹하면서 도저히 시각화할 수 없는 이미지를 상상하는 연습에 끌어들이고 있기 때문이다.[4]

일레인 스캐리는 수필 〈꽃 상상하기(*Imagining Flowers*)〉에서 꽃을 상상하는 것보다 사람의 얼굴을 상상하는 편이 훨씬 어렵다는 것을 강조했다.[5] 그녀는 이렇게 썼다. "상상 속의 얼굴은 우리가 지각한 이상(理想)과 상상력이 동떨어져 있음을 나타낸다." 떠나간 친구의 얼굴을 상상할 때에는 그의 존재와 그의 내면적인 삶, 그와 나 사이의 역동적인 관계가 너무나 생생하게 떠오르기 때문에 이런 이미지들을 **억누르고** 정적인 얼굴 이미지에 대한 기억에만 집중하기가 어렵다. 그러나 꽃을 상상할 때에는 이런 것 때문에 방해받지 않는다. 설마 튤립에게도 내면적인 삶이 있을까?

시각화하는 행위는 상상할 수 있는 행위들 중 단지 하나일 뿐이다. 무언가를 시각화하려면 그 이미지를 이미 존재하는 내면의 스크린에 투영해야 한다. 그러나 상상력이 한 단계 도약하려면 더욱 큰 스크린과 새로운 마음속의 상영관이 필요하다.

예를 들어 허수를 상상하는 것은 간단한 시각화 행위가 아니다. 우리는 이것을 다음의 두 단계로 나누어 시도할 것이다.

- 첫째, **수**를 **변환**의 개념으로 이해해야 하며,
- 둘째, 이 변환을 시각화해야 한다.

39. 글쓰기의 발명가들

존 애쉬베리는 산문시 〈그것이 무엇이건, 당신이 어디에 있건〉에서 우리에게 까다로운 연습을 제시했다. 그는 우리(현대의 독자와 시인)를 상상하고 있는 우리의 선조들, 즉 글쓰기의 발명가들을 상상해 보라고 했다.

아마도 그들은 늦은 여름밤의 한가로움처럼, 자신들이 즐겼던 것을 우리도 즐기기를 바랐을 것이다.

물론 이것은 애쉬베리의 상상일 뿐 역사적 사실에 근거를 둔 말은 아니다. 예를 들어 그가 말하는 '그들'이란, 기원전 3000년경에 상상력을 발휘하여 설형문자를 발명했던 수메르인을 칭하는 것이 아니다. 애쉬베리의 "아마도"라는 표현은 우리를 시인의 작업실로 데려가며, "글쓰기의 발명가들"의 의도를 숙고하게 한다. 우리는 시인 애쉬베리와 자신의 상상적 구조물에 대한 그의 다소 망설이는 듯한 태도를 본다. 그러나 애쉬베리의 시에서 그의 이런 태도는 빠르게 변한다. 글쓰기 자체는 점점 더 파악하기 어렵게 변하지만, 확신에 찬 시인의 손은 이미지들을 점점 더 빠르게 쌓아 가는 것이다.

개중에는 처음부터 완전한 형식을 갖춘 채 일사천리로 진행되는 시도 있다. 그러나 애쉬베리의 시처럼 마치 아직 완전한 모습을 드러내지 않은 듯이 처음에는 망설이면서 시작하지만 이야기가 진행되면서 점차 구체적인 형태를 갖추는 시도 있다.

다시 애쉬베리의 산문시로 돌아가 보자.

옛날 그들이 불렀던 대로 노래를 부르다 보면, 때로 우리는 조직과 흔적을 통해 그들로부터 우리에 이르는 유전 과정을 꿰뚫어 볼 수 있다. 덩굴손을 보면 손이 연상될 수 있다. 혹은 어떤 특정 빛깔—예를 들어 튤립의 노란빛—이 잠깐 번뜩일 것이다. 그 빛이 사라진 후 우리는 어떤 상상, 어떤 자동 연상을 한 것은 아님을 확신할 수 있지만, 그 빛은 사라짐과 동시에 모든 것이 제거된 기억처럼 무용지물이 되고 만다.

첫 문장은 정말 문법에 충실하다. 하지만 그 문법이라는 것은 미친 듯이 빛나다가 이윽고 "꿰뚫어 보다"가 자동사로 쓰인 것이 보이고 (그래서 우리가 무엇을 보는 게 아니라, 무엇이 우리에게 보이기 시작하고), 문장을 해독하려 노력함에 따라 그 문장의 의미가 재규정된다. '덩굴손'이라는 낱말은 (나의 상상 속에서) 시행을 휘감듯 흘림체로 표현되어 있어 노란빛만큼이나 쉽게 손을 연상시킨다.

"덩굴손을 보면 손이 연상될 수 있다"라는 표현은 이 새로운 발명(글쓰기)을, 친절하게도 우리에게 이미지들을 제시하는 부드럽고 도움이 되는 행위로 묘사하고 있는 것처럼 보이지만, 문장의 끝부분에 이르면 글쓰기의 환각제와 같은 잠재력을 느끼게 된다. 애쉬베리는 동사 **사라지다**와 **제거되다**를 일종의 병렬 구조에 배치하며, 우리는 그 병렬 구조를 어떻게 이해해야 할지 모른다. 그러나 문장의 전체적인 뜻은 결국 우리에게 "모든 것이 제거된 기억"만을 남기는 이 새로운 발명을 우리가 거의 통제할 수 없다는 것이다.

이제 수학으로 되돌아가서 아직도 종잡을 수 없는 $\sqrt{-1}$을 수학이라는 울타리 안에 가두고 길들여 보자.

40. 허수의 계산

아직 $\sqrt{-1}$을 나타내는 이미지를 찾지 못했다는 사실은 무시하고, "$\sqrt{-1}$은 -1의 제곱근이다"라는 분명한 사실로부터 논리를 진행해 보자. $\sqrt{-1}$을 가리키는 기호로는 전통적으로 i가 사용되어 왔다. $\sqrt{-1}$을 이 '적절한 이름' i로 표기하면 허수와 관련된 대수학 법칙을 좀 더 명확하게 이해할 수 있을 것이다.*

첫째, i는 정의에 의해 다음의 성질을 만족한다.

$$i^2 = i \times i = -1$$

임의의 음의 실수를 $-A$라 하면, $\sqrt{-A}$ (봄벨리의 표기법에 의하면 *più di meno*!)는 다음과 같이 해석될 수 있다.

$$\sqrt{-A} = \sqrt{-1} \cdot \sqrt{A} = i \cdot \sqrt{A} = \sqrt{A} \cdot i$$

여기서 $\sqrt{A}$는 양수 A의 양의 제곱근을 의미한다. 예를 들어

$$\sqrt{-2} = 1.414\cdots \cdot i$$

이다.

둘째, 만일 우리가 i를 어떤 양으로 간주한다면, $5.3 + (6.1)i$는

$$5.3 + 6.1\sqrt{-1}$$

또는

$$5.3 + \sqrt{-1 \times (6.1)^2}$$

또는

$$5.3 + \sqrt{-37.21}$$

---

*) 간단한 표기법의 변화가 어떻게 우리의 사유를 명확하게 할 수 있는지 궁금하다면 48절을 참조하라.

과 같은 양으로 바꿔서 표기할 수 있다. 이 점을 좀 더 체계적으로 이해하기 위해 $a+bi$ (a, b는 실수)가 만족하는 연산법칙을 알아보기로 하자.

이쯤에서 하던 이야기를 잠시 멈추고 몇 가지 용어에 대하여 알아보자. **허수**는 i만을 칭하는 용어가 아니라, i에 임의의 실수가 곱해진 수를 통칭하는 용어이다(같은 말이지만, 음의 실수의 제곱근은 허수이다). 그리고 a, b가 실수일 때 $a+bi$의 형태로 표현되는 수들을 **복소수**(complex number)라고 한다. 임의의 복소수는 실수 a (이를 **실수부**(real part)라 한다)와 허수 bi(이를 **허수부**(imaginary part)라 한다)의 합으로 나타낼 수 있으며, 하나의 복소수에는 단 하나의 쌍 (a, b)가 대응된다(이 정의에 의하면 숫자 0은 실수이면서 동시에 허수이다!). $a+b\sqrt{-1}$은 $a+bi$ 또는 $a+ib$로 쓸 수도 있다.

복소수의 **덧셈**은 간단한 규칙을 따라 정의된다. 두 복소수 $P = a+bi$와 $Q = c+di$를 더할 때에는 먼저 P와 Q의 실수부와 허수부를 따로 더한 후에 그 결과를 서로 합치면 된다. 즉

$$P+Q = (a+c)+(b+d)i = (a+c)+(b+d)\sqrt{-1}$$

이며, 구체적인 예를 들면 다음과 같다.

$$\begin{array}{r} 5.3+6.1\sqrt{-1} \\ +\ 2.2-3.1\sqrt{-1} \\ \hline 7.5+3.0\sqrt{-1} \end{array}$$

복소수의 **곱셈**은 1부에서 길게 논했던 **분배법칙**을 그대로 따른다. 따라서 a, b, c, d가 실수일 때 두 개의 복소수 $a+bi$와 $c+di$를 곱한 결과는 다음과 같다($bi \times di = (bd)i^2 = -bd$임을 유의하라).

$$(a+bi) \times (c+di) = ac + adi + bci - bd$$

또는 항들을 모으면 두 복소수 $a+bi$와 $c+di$를 곱한 결과는 다음과 같다.

$$(a+bi) \times (c+di) = (ac-bd) + (ad+bc)i$$

예를 들어

$$(5+\sqrt{-3}) \times (3\sqrt{2}+\sqrt{-1})$$

은 허수의 정의 및 표기법에 따라

$$(5+\sqrt{3}i) \times (3\sqrt{2}+i)$$

로 쓸 수 있는데, 여기에 분배법칙을 적용하면 5는 $3\sqrt{2}$와 i에 곱해지고 $\sqrt{-3}=\sqrt{3}i$는 $3\sqrt{2}$와 i에 곱해져서 다음과 같은 결과가 얻어진다.

$$(5+\sqrt{3}i) \times (3\sqrt{2}+i) = (15\sqrt{2}-\sqrt{3}) + (5+3\sqrt{6})i$$

간단히 말해서 복소수는 더할 수도 있고 곱할 수도 있다.

지금까지의 설명에 모두 동의한다면 당신은 다른 테스트를 실행할 준비가 된 셈이다. 특히 수학과 친하지 않은 독자들에게는 의미 있는 테스트가 될 것이다.

다음 복소수를 세제곱하라.

$$\frac{1+\sqrt{-3}}{2}$$

허수를 나타내는 기호 i를 사용하면 위의 복소수는 다음과 같이 표기된다.

$$\frac{1+\sqrt{-3}}{2} = \frac{1+\sqrt{3}i}{2} = \frac{1}{2} + \frac{\sqrt{3}i}{2}$$

우리의 목표는 다음의 곱셈을 실행하는 것인데,

$$\frac{1+\sqrt{-3}}{2} \times \frac{1+\sqrt{-3}}{2} \times \frac{1+\sqrt{-3}}{2}$$

허수단위 i를 이용하여 표기하면 다음과 같다.

$$\left(\frac{1}{2} + \frac{\sqrt{3}i}{2}\right) \times \left(\frac{1}{2} + \frac{\sqrt{3}i}{2}\right) \times \left(\frac{1}{2} + \frac{\sqrt{3}i}{2}\right)$$

복소수의 곱셈법칙을 따라 조심스럽게 계산을 수행하라.* 그런 다음에 당신이 얻은 답을 주의 깊게 바라보라. 이유는 묻지 말고 그냥 해 보라!

---

*) 이 계산을 빠르게 수행하려면, 먼저 $(1+\sqrt{-3})/2$에 $(1+\sqrt{-3})/2$을 곱하고, 이 결과에 다시 $(1+\sqrt{-3})/2$을 곱하면 된다.

계산이 다 끝났는가? 계산이 올바르게 수행되었다면 당신은 짐짓 놀랐을 것이다. 자, 여기서 멈추지 말고 계산결과에 숨어 있는 의미를 차분히 생각해 보라.

41. 시간이 누락된 수학

수학교육은 여러 개의 명확한 단계를 거쳐 이루어지므로 수학을 이해하려면 이 단계적인 과정을 따라가야만 한다. 이 과정에서 한 단계를 생략하거나 불필요한 내용에 매달리는 것은 바람직하지 않다. 데카르트도 《정신지도를 위한 규칙들(*Rules for the Direction of the Natural Intelligence*)》에서 이 사실을 강조한 바 있다.[6] 먼저 1단계를 이해한 **다음에** 2단계를 이해해야 한다.

역사책에서 'then(그런 다음에)'이 나오면(예 : "그런 다음 그는 자신이 체코인들에게 했던 약속이 더 이상 유효하지 않다고 말했다"),[7] 현재의 행위를 시간에 따라 나열된 사건들 속에 배치하는 효과를 발휘할 수 있다. 그러나 수학에 등장하는 'then(~이면)'은 (예 : "X이면 Y이다") 시간적인 척도가 아니라 '그러므로'라는 뜻에 가깝다. 셰익스피어의 소네트 90에 등장하는 then과 when, 그리고 now도 부분적으로 이와 비슷한 의미로 사용되고 있다.

그러니 그대가 나를 미워하려거든, 혹시 그런 적이 있다면, 지금 미워하라
(Then hate me when thou wilt, if ever, now,)
세상이 내가 하는 일을 가로막고 나서려 하는 지금 당장

(Now while the world is bent my deeds to cross.)

수학에서 사용되는 then에 시간적인 의미를 조금이라도 부여한다면, 예컨대 우리의 현재 위치를 어떤 가상의 인식론적 시간축 위에 고정시키는 것으로 해석할 수 있을 것이다. 다시 말해서 "만일 내가 (주어진 시간에) X를 알고 있다면(then), (잠시 후 이러저러한 논리를 거쳐) Y를 알 수 있다"는 뜻이다. 이러한 인식론적 진전과는 상관없이, 수학의 논리적 구조에는 '이전'과 '이후'라는 시간상의 개념을 도입할 필요가 없다. 수학적인 논리는 시간축을 따라 진행되는 것이 아니라 논리의 각 단계를 따라 진행되기 때문이다.

42. 의심스러운 해답

$(1+\sqrt{-3})/2$의 세제곱 계산을 성공적으로 끝냈는가? 올바른 답은 -1이다. 즉

$$\left(\frac{1+\sqrt{-3}}{2}\right)^3 = -1$$

그런데 자기 자신을 세제곱했을 때 -1이 되는 수는 이것 말고도 또 있다. -1을 세 번 곱하면 -1이다. 이 조건을 만족하는 또 다른 수는 없을까? 답을 확인하고 싶으면 후주를 참고하기 바란다.[8]

자기 자신을 세제곱했을 때 $+1$이 되는 수도 세 개가 있다. 그 중 하나는 당연히 $+1$이고, 나머지 두 개는 다음과 같다.

$$\frac{-1-\sqrt{-3}}{2} \text{ 과 } \frac{-1+\sqrt{-3}}{2}$$

이 수들을 세제곱하여 정말로 +1이 되는지 확인해 보라.

지금까지 알게 된 사실을 요약하면 다음과 같다. "+1과 −1의 세제곱근은 각각 세 개이며 우리는 그 값을 알고 있다."

수학문제와 씨름을 벌여 답을 구했을 때, 그 답을 원래의 문제로 다시 가져가서 의미를 재고하는 것은 매우 바람직한 시도이다. 이 해답은 무엇을 의미하는가? 이 답으로부터 추가로 알 수 있는 사실은 무엇인가?

수학문제를 풀다 보면 잠시 문제를 잊고 쉬는 편이 좋을 때가 있다. 그러나 지금은 쉬어 갈 타이밍이 아니다. '다소 복잡한 계산을 해냈으니 조금 쉬었다 갈까?' 하는 유혹을 떨쳐 버리고 계속해서 다음 단계의 질문을 제기해 보자. −1의 세제곱근에 해당하는 세 개의 복소수(모든 실수는 허수부가 0인 복소수에 속한다 : 옮긴이)는 우리에게 어떤 사실을 말해 주는가?

43. 봄벨리의 수수께끼로 되돌아가서

우리는 −1이 다음과 같은 세제곱근을 가지며,

$$\frac{1+\sqrt{-3}}{2} = \frac{1}{2} + \left(\frac{\sqrt{3}}{2}\right)i$$

이 외에 두 개의 세제곱근을 추가로 갖는다는 사실을 알았다. 따라서 $\sqrt[3]{-1}$이라는 표기는 세 가지 의미를 갖고 있음을 명심해야 한다.

그 의미를 구체적으로 나열하면

$$\sqrt[3]{-1} = \frac{1}{2} + \left(\frac{\sqrt{3}}{2}\right)i$$

또는

$$\sqrt[3]{-1} = \frac{1}{2} - \left(\frac{\sqrt{3}}{2}\right)i$$

또는 누구나 알고 있듯이

$$\sqrt[3]{-1} = -1$$

이다. 이 점을 마음에 새기고 33절에서 다뤘던 문제로 되돌아가자. 거기서 우리는 다음 방정식

$$X^3 = 3X - 2$$

의 해가 $X = +1$과 $X = -2$임을 알았으며, 달 페로의 공식으로 구한 해가 (방정식의 지표가 0이고 $c = -2$이므로) 다음과 같이 표현된다는 사실도 알게 되었다.

$$X = \sqrt[3]{-1} + \sqrt[3]{-1}$$

그런데 방금 위에서 말한 대로 $\sqrt[3]{-1}$은 세 가지 의미를 담고 있으므로, 결국 달 페로의 공식으로 얻은 해는 6가지 의미를 가질 수 있다![9] 이들을 조합하여 두 개의 해($X = +1$, $X = -2$)를 구할 수 있겠는가? 후주에 제시되어 있는 해답을 보기 전에 손으로 직접 계산

해 볼 것을 권한다.[10]

봄벨리는 자신이 구한 3차방정식의 해(혹은 달 페로의 공식으로 얻은 해)가 실제로 '존재하는' 수라고 믿었다. 과연 그는 어떤 근거로 이런 믿음을 갖게 되었을까? 이러한 수가 존재한다는 것은 그에게 어떤 의미였을까?

44. 봄벨리와의 대화

나는 역사학자가 아니기 때문에 15~16세기 이탈리아 대수학자들의 삶과 그들의 생각을 자세히 알지는 못한다. 그래서 나는 허수를 주제로 논문을 집필했던 당대의 수학자들(카르다노, 봄벨리 등)을 생각하면서 그들이 마음속에 그렸을 이미지를 나름대로 상상해 보곤 한다.

지금부터 나의 상상을 구체화해서, 당신이 16세기 이탈리아로 되돌아가 봄벨리와 인터뷰를 한다고 가정해 보자. 지금 $(1+\sqrt{-3})/2$과 같은 수를 받아들인(어떤 의미로 받아들였건 간에) 봄벨리는 복소수해의 실존 여부를 놓고 심각한 고민에 빠져 있다. 그는 과연 기자인 당신의 질문에 어떤 식으로 대답할까?

기자: 봄벨리 선생님, 선생님께서는 $(1+\sqrt{-3})/2$과 같이 난해한 수를 자유자재로 다루면서 세제곱근의 영역을 확장해 오셨습니다. 그렇다면 다음과 같이 황당한 수도 받아들이실 수 있겠습니까?

$$\sqrt[5]{\sqrt{2}+\sqrt{-1}}$$

봄벨리 : 그렇습니다! 허수는 미묘하면서도 유연한 특성을 갖고 있습니다. 그런데 당신은 왜 그렇게 복잡한 것을 문제 삼는지요?

기자 : 허수가 하도 복잡한 수라서 한번 여쭤 봤습니다. 그런데 제가 제시했던

$$\sqrt[5]{\sqrt{2}+\sqrt{-1}}$$

은 '새로운' 종류의 해입니까? 전에도 이런 수를 다뤄 본 경험이 있으신지요?

봄벨리 : 그건 아무 상관없습니다! 저는 $\sqrt{-1}$과 마찬가지로 당신이 언급한 것을 마음대로 다룰 수 있습니다. 예를 들어 누군가 $\sqrt[5]{\sqrt{2}+\sqrt{-1}}$과 이것을 변형한 괴물을 제시하면서(저는 이런 것들을 '양'이라고 부르기를 주저합니다) 서로 더하거나 곱해 보라고 한다면, 저는 대수학의 표준법칙을 이용해 계산을 수행할 수 있습니다.

기자 : 그렇다면 그 계산에는 한계가 없는 것입니까? 거듭제곱근의 합의 거듭제곱근의 합의 거듭제곱근…도 '새로운' 양으로 생각하신다는 말인가요? 예컨대

$$\sqrt[7]{\sqrt[5]{2+\sqrt{-15}}+\sqrt[3]{2-\sqrt{-15}}}+\sqrt[7]{\sqrt[5]{2+\sqrt{-15}}+\sqrt[5]{2-\sqrt{-15}}}$$

에 대해서는 어떻게 생각하십니까? 이런 식으로 얼마든지 확장할 수 있지 않을까요?

봄벨리 : 당장 내 방에서 나가![11]

끝이 없는 세상은 과연 존재하는가? 거듭제곱근의 합의 거듭제곱근의 합의 거듭제곱근…은 '궤변적인 양'을 계속 만들어 낼 수 있는가? 봄벨리가 이 질문을 들었더라면 혼란에 빠졌을 것이다.[12]

수와 비슷한 특성을 갖는 사물들의 집합을 이해하는 데 어려움을 겪은 것은 과거의 수학자들뿐만이 아니다. 지금 활동하고 있는 수학자들 중에서도 봄벨리가 겪었던 곤경에 공감하는 사람들이 적지 않을 것이다. 그들은 부정할 수 없는 논리로 무장하고 있지만 머릿속에 그릴 수는 없는 수 체계 때문에 지금도 깊은 고민에 빠져 있다.

수로 표현되는 기하학

45. 여러 개의 손

지금까지 우리는 상당히 다른 두 종류의 정신적 경험 사이를 오락가락해 왔다.

- 한 명의 시인이 썼을 것으로 여겨지는 시구("손 혹은 특정한 색 – 예컨대 튤립의 노란빛")를 읽을 때 우리의 마음속에 떠오르는 단 하나의 시각적인 이미지와
- 오랜 세월에 걸쳐 집단적인 상상력으로 만들어 낸 허수에 대한 직관적 이해

수학적 아이디어는 단 한 번의 상상으로 떠오르지 않는다. 함께 노력한다고 해서 수학적 아이디어를 생각해 낼 수 있는 것도 아니다. 또한 이 세상에는 수학적 아이디어의 이해를 돕는 범용 교재 같은 것도 없다.

　수학적 직관이 발전하는 방식과 비슷한 것을 문학에서 찾으려

면, 밀만 패리(Milman Parry)와 로드(A. B. Lord)가 제시했던 서사시의 특성을 이해해야 하지 않을까?[1] 《일리아스(*Ilias*)》와 《오뒷세이아(*Odysseia*)》가 쓰이기 훨씬 전부터 여러 음유시인들이 서사시 전통에 참여했고 다양하게 변주된 노래들을 불렀다. 그리고 (나기(G. Nagy)에 의하면) 이 시대의 노래들은 다수의 텍스트에 기록되었다. 또 다른 예로 이란의 《왕들의 책(*Book of Kings*)》(페르도시(Ferdowsī)의 《샤나메(*Shāh-nāmeh*)》)에는 책이 탄생하게 된 기원이 적혀 있는데, 여러 구전 설화들과 기록된 설화들을 한데 모아 엮었다고 한다. 나기는 《호메로스의 질문(*Homeric Questions*)》에서 다음과 같이 썼다. "대신은 제국 전역에서 모바드(mōbad, 조로아스터교의 교리에 밝은 현인)들을 소집하였고, 이들은 오래 전에 바람에 흩어져 소실된 《왕들의 책》의 '조각난 단편들'을 가져왔다. 모바드들은 각자의 '조각난 단편들'을 암송하였고, 대신은 그것들을 모아 한 권의 책으로 엮었다."[2]

그러나 서사시 전통에서 수학적 직관과 비슷한 것을 찾을 수 있을지는 의문이다. 모든 지적 공동체는 아이디어를 발전시키고 그것을 전수하는 나름의 방법을 가지고 있다. 특히 수학적 진리가 한 사람에게서 다른 사람으로 전달되는 방식과, 전달과정에서 그 내용이 변해 가는 양상을 알아내는 것은 진리 자체를 찾는 것만큼이나 어려운 일이다.

46. $\sqrt{-1}$을 곱한다는 것은 무슨 의미인가? : 대수학과 기하학의 혼합

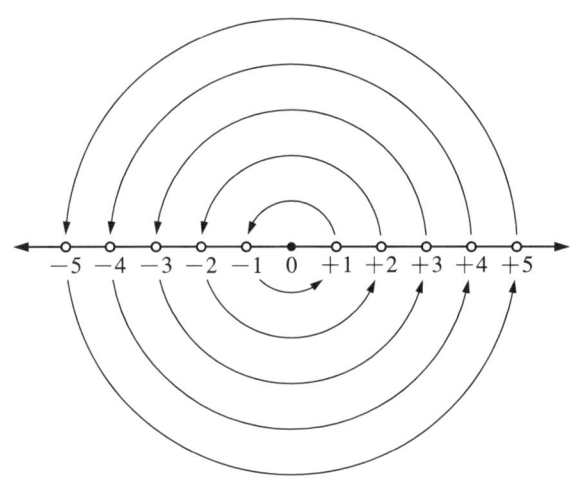

−1을 곱하는 연산이 수직선의 180° 회전에 대응된다면, 그리고 −1을 곱하는 행위를 이런 식으로 시각화하는 데 동의한다면, 당신은 19세기에 들어서야 명확한 형태로 제기되었던 아이디어를 이해할 수 있는 단계에 이른 셈이다.

$i = \sqrt{-1}$이라는 수를 구현하는 한 가지 방법은 i를 '수직선이 놓여 있는 평면에서 수직선을 90° 회전시키는 변환'으로 간주하는 것이다. 이 변환을 머릿속에서 상상할 수 있다면 허수 i를 정의하는 성질, 즉 $i \times i = -1$도 시각화할 수 있다. i를 곱하는 행위를 90° 회전(반시계방향이라고 가정하자)에 대응시키면, $i \times i$는 이 변환을 두 번 연속 적용한 연산이므로 90° + 90° = 180°, 즉 −1을 곱한 연산에 대응된다.

그러나 '−1을 곱하는 연산'을 '수직선의 180° 회전'에 대응시키는 것과 방금 위에서 말한 i의 기하학적 해석 사이에는 분명한 차이가 있다.

'변환' : '숫자' i 곱하기 ⟵⟶ 변환 : 수직선을 90° 회전시키기

90° 회전하여 수직방향으로 선 수직선에 수학적 의미를 부여하려면 평면기하학을 도입해야 한다. 수평선을 90° 회전시키면 수직선(垂直線)이 되고, 수직선(垂直線)을 90° 회전시키면 수평선이 된다(지금 수직선(垂直線, vertical line)과 수직선(數直線, number line)이 번갈아 등장하여 혼란스러울 것이다. 그러나 안타깝게도 우리말에서 이들은 동음이의어이다. 다소 번거롭겠지만 문맥의 흐름으로 이들을 구별하여 읽어 주기 바란다 : 옮긴이).

'i를 곱하는 연산'을 수직선을 90° 회전시키는 변환으로 여긴다면 평면 위에서 i가 놓일 '자리'는 과연 어디인가?

지금부터 이 문제를 신중하게 생각해 보자. 그리고 언제 발상의 전환이 일어나는지 주의 깊게 관찰해 보자. 지금까지 우리가 다뤄온 모든 문제는 **대수학**의 대들보라 할 수 있는 수에서 출발하였다. 그 후 우리는 수직선을 잡아 늘이거나 180° 회전시키는 변환을 생각했다. 수직선은 180° 회전해도 전체적인 위치가 변하지 않기 때문에 수직선 이외의 다른 지점을 고려할 필요가 없다. 그러나 지금은 수직선을 90° 회전시켜야 하므로 기존의 수직선을 벗어난 지점을 고려하려면 **평면기하학**을 도입해야 한다.

47. 글쓰기와 노래하기

존 애쉬베리는(패리와 로드처럼) 과거의 작가들이 글만 쓰지 않고 노래도 불렀다고 생각했다 : "옛날 그들이 불렀던 대로 노래를 부르다 보면…." 현재의 관객 앞에서 노래를 부르는 가수는 자신의 노래뿐만 아니라 다른 가수들이 이루어 놓은 음악적 전통도 함께 전달한다. 그런데 글을 쓰는 사람들 사이에는 이런 긴밀한 관계가 요구되지 않는다. 글쓰기란 수세기를 넘나드는 대화와 의사소통의 수단이기 때문이다. 여기서 잠시 애쉬베리의 글을 읽어 보자.

> 아마도 그들은 늦은 여름밤의 한가로움처럼 자신들이 즐겼던 것을 우리도 즐길 수 있기를 바랐을 것이다. 또한 그들은 우리가 즐거움을 물려준 사람들을 찾아서 감사하는 마음을 갖기를 바랐을 것이다.[3]

애쉬베리가 쓴 다른 글의 음울한 분위기가 믿어지지 않을 정도로 이 글은 명랑하고 쾌활한 느낌으로 가득 차 있다(그의 글에는 포기, 제거, 무용함, 모래 늪, 습지 등 음울한 단어들이 자주 등장한다).

방금 인용한 문장에서 '그들'과 '우리'는 아이러니한 관계에 있다. 우리가 상상하는 **그들**이란 글쓰기의 발명가들이고, **우리**는 그들의 글을 읽는 독자이다. 그러나 글쓰기는 계속 진화해 왔고, 그와 함께 다양한 장르가 탄생하였다. 모든 작가와 시인은 일종의 '발명가'인 셈이다. 독자들 역시 그렇다. 그렇다면 **그들**이 **우리**이고, 우리가 바로 **그들**인 것이다.

글쓰기라는 매개체를 발명한 사람들은 자신들의 발명품으로 실제로 의사소통을 할 수 있을지 결코 확신하지 못했을 것이다. 과거에 아마추어 라디오통신을 처음 개시했던 사람들이 하고자 했던 말의 요지는 "안녕하세요? 제 말 들립니까? 오버—"였다. 이 상황을 아드리엔느 리치(Adrienne Rich)의 시와 비교해 보라.

> 당신은 지금 타인의 언어로 쓰인 이 시를 읽고 있습니다
> 개중에는 가슴에 와 닿는 단어도 있고
> 어떤 단어는 그 의미를 나름대로 짐작해야 할 것입니다
> 저는 당신의 가슴에 와 닿는 단어가 무엇인지 알고 싶습니다 [4]

48. 표기법의 위력

앞에서 나는 이런 질문을 던진 적이 있다. 허수 $i=\sqrt{-1}$을 '수직선의 90° 회전'으로 시각화했을 때 i가 위치할 곳은 어디인가? 이것은 18, 19세기의 수학자들이 고민했던 문제이다. 다시 말해서 이 문제를 생각한다는 것은 곧 16세기 대수학으로부터 거의 완전히 이탈한다는 뜻이다. 카르다노의 수학 어휘로는 이 질문에 답할 수 없었기 때문이다. 그러나 이 점을 충분히 고려한다 해도 현대식 교육을 받은 우리가 수백 년 전의 수학을 문자 그대로 이해하는 것은 매우 어려운 일이다(용어에 익숙하지 않으면 현대수학도 어렵기는 마찬가지다).

　수학에서 표기법은 결정적인 역할을 한다. 표기법을 조금만 바꿔도 관점이 엄청나게 달라지기 때문이다. 새로운 표기법은 새로운 질문을 수반한다. 초기 수학을 현대어로 번역했던 대부분의 번역가

들은(카르다노 책의 번역자까지 포함해서) 그 내용을 명확히 밝히기 위해 현대 대수학의 간명한 표기법을 사용하였는데, 그 과정에서 새로운 질문들이 제기되었고, 그중에는 아직까지 해결되지 않은 채로 남아 있는 질문들도 있다. 이 책에서도 우리는 과거의 수학을 현대식 언어로 표기하고 있다. 한 가지 예로 지금 사용하고 있는 제곱근 기호를 생각해 보자. 우리는 단 한마디 설명도 없이 제곱근을 다음과 같이 뾰족한 기호로 표기해 왔다.

$$\sqrt[2]{},\ \sqrt[3]{},\ \sqrt[4]{},\ \cdots$$

어떤 수의 제곱근이나 세제곱근, 또는 네제곱근을 나타낼 때는 위와 같은 기호의 내부에 그 숫자를 표기한다. 조그만 숫자 2는 제곱근을 뜻하고(이때 숫자 2는 생략해도 상관없다) 3은 세제곱근을 뜻한다. 이 책의 도입부(1절)에서 언급한 것처럼, 16세기 이탈리아 수학에서 제곱근을 뜻하는 단어는 *lato*('변'이라는 뜻)였다. 왜 그랬을까? 이유는 간단하다. 제곱근을 계산하고자 하는 원래의 수를 정사각형의 넓이로 간주하면, 제곱근은 정사각형의 한 변의 길이에 해당하기 때문이다. 또한 세제곱근을 *lato cubico*라고 부른 이유도 원래의 수를 정육면체의 부피로 간주하면 세제곱근은 정육면체의 한 변의 길이에 해당하기 때문이다.

봄벨리도 초기에는 이 표기법을 사용하였다. 그러나 당시의 수학자들(또는 그 이전의 수학자들) 사이에는 제곱근을 R.로 표기하는 것이 상용화되어 있었고, 개중에는 R (radix의 약자)로 표기하는 경우도 있었다.[5] 봄벨리는 《대수학》에서 제곱근을 R.q.(*radice quadrata*)로 표기하였는데, 이 표기법에 따르면 2의 제곱근은 R.q.2 이다. 또한 세제곱근은 R.c.(*radice cubica*)로 표기하였다.

용어를 바꾸면(예컨대 제곱근의 표기를 *lato*에서 R.q.로) 관점이 변한다. 제곱근을 취하는 연산을 R.q.로 표기하면 제곱근이 원래 갖고 있는 기하학적 의미가 직접적으로 와 닿지 않는다. 그 결과 우리의 상상력도 기하학과 멀어지면서 제곱근을 취하는 연산은 다음 그림과 같이 **블랙박스화**된다.

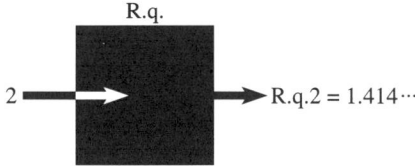

즉 제곱근의 형식적인 의미에 얽매이지 않고 자유로운 상상을 펼칠 수 있게 되는 것이다. 새로운 상상이 위력을 발휘하려면 오래된 생각을 떨쳐 버려야 한다. 이것은 정원사가 시든 꽃을 제거하여 새로 피어나는 꽃의 생명력을 키워 주는 것과 같은 이치이다.

현재 통용되고 있는 제곱근기호 $\sqrt{\ }$는 아마도 과거에 사용했던 R 또는 radix의 첫 글자인 *r*에서 유래했을 것이다.

그리고 기호의 왼쪽 위에 조그만 숫자(2, 3, 4…)를 올려놓는 표기법도 다양한 시행착오를 거치면서 자연스럽게 정착되었을 것이다. 제곱근기호와 비슷한 과정을 거쳐 정착된 수학기호들은 오래 써서 손에 익은 연장처럼 무리 없이 잘 통용되고 있다.

고유한 문자로 표현되는 수학기호들 중 일부는 오늘날 알파벳과 함께 인쇄 문자로 쓰이고 있다. 이 현상을 어떻게 설명해야 할까? 한 가지 이유는 그런 문자들이 우리에게 익숙하기 때문일 것이다. 이들은 오래된 도구이고 잘 알려져 있다. 또한 이들은 별다른 설명이 필요 없는데, 별다른 설명이 필요 없을수록 다른 대상들을 설명하는 데 사용되는 빈도가 증가한다.

표기법이 바뀌었을 때 야기되는 어려움을 과소평가하기 쉽다. 예를 들어 로마숫자가 아라비아숫자로 대치되던 시기에 살았던 사람들은 엄청난 혼란을 겪었다. 이 점을 실감나게 이해하기 위해 과거 영국에서 쓰였던 수학입문서를 잠시 들여다보자. 이 책에는 학생들이 새로운 표기법에 얼마나 익숙해졌는지를 대화를 통해 확인하는 장면이 나온다.

스승 : 다음 iii개의 수 vii, iiii, iii을 아라비아 숫자로 써 보거라.
학생 : 7, 4, 3입니다.
스승 : 잘했다. 그러면 ii, i, ix, viii은 어떻게 되지?
학생 : 2, 1, 6, 8입니다.
스승 : 잘했는데 하나가 틀렸다. 문제를 다시 잘 읽어 보거라.
학생 : 아, 제가 실수를 했네요. 6이 아니라 9입니다.
스승 : 그래, 잘했다. 그런데 한 개의 아라비아숫자가 독립적으로 적혀 있을 때에는 지금 자네가 했던 것처럼 읽으면 되지만, 여러 개의 아라비아숫자가 일렬로 적혀 있으면 의미가 달라진다. 예를 들어 9162의 9는 ix와 전혀 다른 뜻이지.

학생 : 그럼 아라비아숫자가 다른 글자들(알파벳) 사이에 끼어 있을 때에도 의미가 달라지나요?

스승 : 그건 아니지. 자네가 프랑스인 무리 속에 끼어 있을 때, 주변에 영국인이 자네밖에 없다면 분명히 혼자라고 느끼겠지? 이와 마찬가지로 아라비아숫자 하나가 알파벳 중간에 끼어 있어도 의미상의 혼동은 일어나지 않는다네.[6]

셰익스피어를 연구하는 학자들은 **원래의 표기를 현대적인 표기로 바꾸는 문제**에 익숙하다. 예를 들어 스티븐 부스(Stephen Booth)의 《셰익스피어의 소네트(*Shakespeare's Sonnets*)》에 수록된 각주에는 로버트 그레이브스(Robert Graves)와 로라 라이딩(Laura Riding)이 〈원작의 구두법과 철자법에 관한 연구(A Study in Original Punctuation and Spelling)〉[7]에서 펼쳤던 논리의 장단점(부스에 의하면 주로 단점)이 다섯 페이지에 걸쳐 설명되어 있는데, 이들의 주장은 주로 1609년 4절판 소네트 129의 구두법과 철자법에 근거를 두고 있다.*

---

*) 예를 들어 부스가 현대식 철자법으로 "A bliss in proof, and proved, a very woe"라고 옮긴 소네트의 원래 행은 "A bliffe in proof and proud and very wo"이다.

49. 수평면

앞에서 나는 똑같은 질문을 두 번에 걸쳐 제기했다. 자꾸 반복되는 감이 있긴 하지만 그만큼 중요한 질문이므로 내용을 다시 한 번 정리해 보자.

> 허수 $i=\sqrt{-1}$을 곱하는 연산을 수직선의 90° 회전이라는 변환으로 시각화했을 때 i는 어느 위치에 대응되어야 하는가?

앞으로 어떤 답을 얻건 간에, 수직선을 90° 회전시키려면 우리의 무대는 직선에서 평면으로 확장되어야 한다. 이 문제를 어떻게 해결해야 할까? 일단은 수직선에서 시작해 보자. 아래 그림과 같이 수직선은 '눈금이 새겨져 있는 무한히 긴 자'로 간주할 수 있다.

$$\cdots \;-6\;-5\;-4\;-3\;-2\;-1\;\;0\;\;+1\;+2\;+3\;+4\;+5\;+6\;\cdots$$

수직선을 회전시키기에 앞서 수직선이 놓여 있는 평면 위에 격자모양의 선을 그려 보자. 격자의 간격은 어떻게 잡아도 상관없지만, 편의를 위해 모든 격자의 가로 및 세로 간격을 1로 통일하자. 그리고 수평축을 실수를 나타내는 선으로 삼기로 하자.

앞으로 우리는 평면 위의 한 점을 하나의 복소수에 대응시킬 것이다. 수평축(그림에서 굵게 강조되어 있는 선)을 실수에 대응시켰으므로 허수는 평면에서 어딘가 다른 곳에 대응되어야 한다. 또한 $\sqrt{-1}$을 곱하는 연산을 '수직선의 90° 회전'으로 시각화하기로 했으므로 임의의 실수에 $\sqrt{-1}$을 곱한 값은 수직축 상의 어딘가에 위치

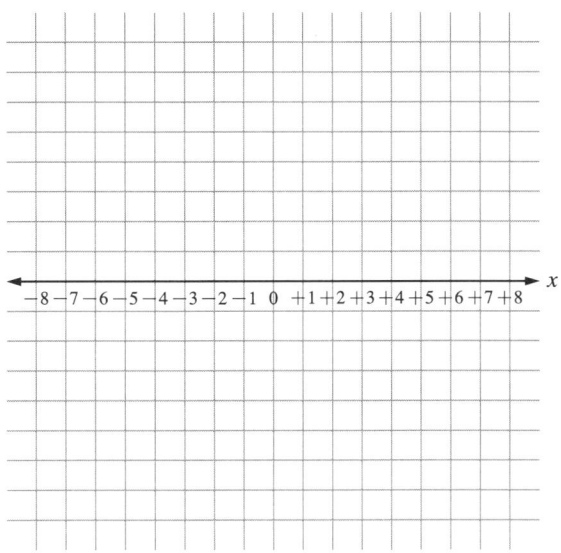

해야 한다. 그런데 앞에서 결정하지 않고 남겨 둔 문제가 하나 있다. 수직선을 어느 방향으로 돌려야 하는가? 시계방향? 반시계방향? 원리적으로는 어느 방향으로 돌려도 상관없다. 하나의 방향을 설정한 뒤 거기에 맞게 논리를 진행해 나가면 된다. 이 책에서는 반시계방향을 선택할 것이다(이것은 대부분의 수학책에서 채택하고 있는 표준방향이다). 회전방향의 의미는 12장에서 설명할 예정이다.

지금까지의 진척상황을 잠시 점검해 보자. 우리는 유클리드 평면 위에 놓인 수평축에 실수를 대응시켰고, 수직축에는 '실수에 $\sqrt{-1}$을 곱한 수'를 대응시키기로 했다. 그러므로 직교좌표에서 좌표가 $(a, 0)$인 점(즉 수평축 상에 있는 점) P는 실수 a에 대응되며, 좌표가 $(0, b)$인 점(즉 수직축 상에 있는 점. b는 실수) Q는 허수 $\sqrt{-1} \cdot b = bi$에 대응된다.

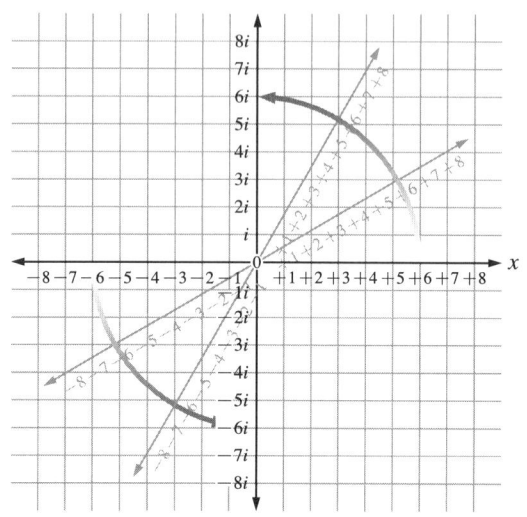

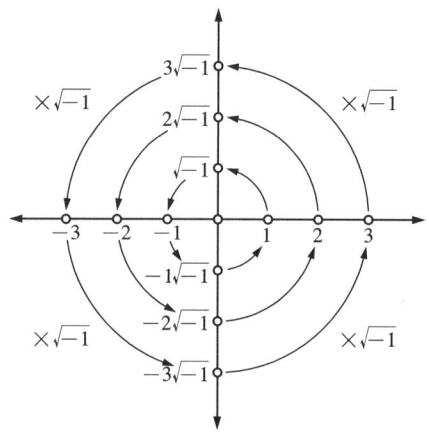

그러나 유클리드 평면에는 수평축과 수직축 상의 점들 이외에도 무수히 많은 점들이 있다. '허수 i를 곱하는 연산'을 90° 회전으로 이해했던 우리의 논지를 그대로 유지하면서 평면 위의 모든 점에 복소수를 대응시킬 수 있을까?

예를 들어 점 (1, 1)을 생각해 보자.

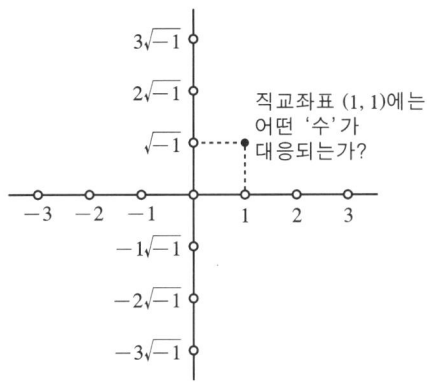

다행히도 이 질문의 해답은 아주 쉽게 알아낼 수 있다. 유클리드 평면 위의 점 (a, b)는 복소수 $a + bi$에 대응된다. 그러므로 점 (1, 1)은 복소수 $1 + i$에 대응된다.

$$(1, 1) \longleftrightarrow 1 + i$$

이제 $1 + i$에 i를 곱했을 때 좌표 (1, 1)이 어디로 이동하는지 스스로 확인해 보기 바란다(이 경우에 점 (1, 1)을 반시계방향으로 90° 회전시킨 지점으로 이동할까?).

$(a, b) \longleftrightarrow a + bi = a + b\sqrt{-1}$의 대응규칙을 유클리드 평면 위의 모든 점에 적용하면 수직선(數直線)을 확장한 **수평면**(數平面)이 만들어진다. 이곳에서 **실수**(과거의 수직선)는 평면의 일부인 수평축에 대응되고 **허수**는 수직축에 대응되며, 일반적인 형태의 복소수 $a + bi$는 평면 상의 점 (a, b)에 대응된다. 즉 유클리드 평면 위

의 모든 점이 복소수에 대응되는 것이다(실수와 허수는 모두 복소수의 일종이다). 그러므로 유클리드 평면을 **복소평면**(complex plane)이라 부를 수 있다.[8]

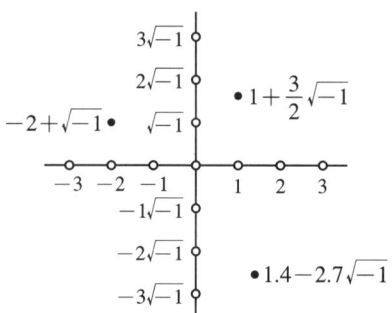

복소평면의 개요도. 몇 개의 복소수에 대응되는 점이 제시되어 있다.

50. 조용히, 내면의 소리로 생각하기

"튤립의 노란빛"을 읽는 것에 상응하는 상상력의 내부구조를 찾으려면, 아마도 애쉬베리의 글에 쓰인 단어 '노래'에 좀 더 주의를 기울여야 할 것이다.

> 옛날 그들이 불렀던 대로 노래를 부르다 보면, 때로 우리는 조직과 흔적을 통해 그들로부터 우리에 이르는 유전 과정을 꿰뚫어 볼 수 있다.

한 가지 부인할 수 없는 사실은 우리가 무언가를 조용히 읽는 경우는 거의 없다는 것이다. 우리는 글을 읽을 때 내면의 목소리가 말하는 것을 듣곤 한다. 우리는 "그들이 불렀던 대로 노래를 부르고" 있는 것이다. "튤립의 노란빛"을 읽으면서 마음의 눈으로 노란빛을 볼 때 우리는 또한 그것을 듣는다. 그림을 감상하거나 음악을 들을 때에는 내면의 목소리가 침묵하지만, 무언가를 읽을 때에는 내면의 발성기관이 우세해진다. 토머스 룩스(Thomas Lux)의 다음 시 첫 부분은 바로 이 점을 말하고 있다. 〈조용히 읽을 때 들려오는 목소리(*The Voice You Hear When You Read Silently*)〉는

> 조용하지 않다 그 소리는 머릿속에서
> 목청껏 울린다 그것은 진정 들린다
> 당신이 책을 읽을 때
> 목소리는 진정 그것을 말하고 있다
> 그것은 물론 작가가 쓴 말이다
> 문학적 의미로는 그것이 작가의 목소리지만,
> 그 목소리는 당신의 목소리이기도 하다
> 당신의 친구들이 알고 있는 소리도 아니고
> 녹음된 소리도 아닌
> 당신의 목소리는
> 어두운 성당 같은 당신의 두개골 속에서
> 포착된다. 당신의 목소리는
> 내면의 귀로 들려온다⋯.[9]

글을 읽는 동안 경험하는 내면의 목소리에 대한 이러한 성찰과는 대조적으로, 수학적 논의를 읽거나 재창조할 때 머릿속에서 무슨 일이 일어나는지를 상세하게 분석한 사람은 아직 없는 것 같다.

51. 복소평면

복소수는 서로 더하거나 곱할 수 있다. 그렇다면 복소수의 집합을 **평면**으로 간주하기로 한 이상, 복소수의 덧셈과 곱셈도 평면 상에서 기하학적으로 이해할 수 있어야 한다(두 개의 복소수를 더하거나 곱한 결과도 역시 복소수이기 때문이다 : 옮긴이).

덧셈연산의 기하학적 해석은 매우 우아하면서도 여러모로 유용하다. 수학자들은 이것을 가리켜 **평행사변형법칙**(parallelogram law)이라 부른다. 복소평면에서 $P + Q$에 대응되는 점(두 개의 복소수 P와 Q를 더해서 만들어진 복소수에 대응되는 점)은 다음과 같은 방법으로 찾을 수 있다. 복소수 P와 Q, 그리고 직교좌표의 원점을 평행사변형의 세 꼭지점으로 간주했을 때, 남은 한 개의 꼭지점

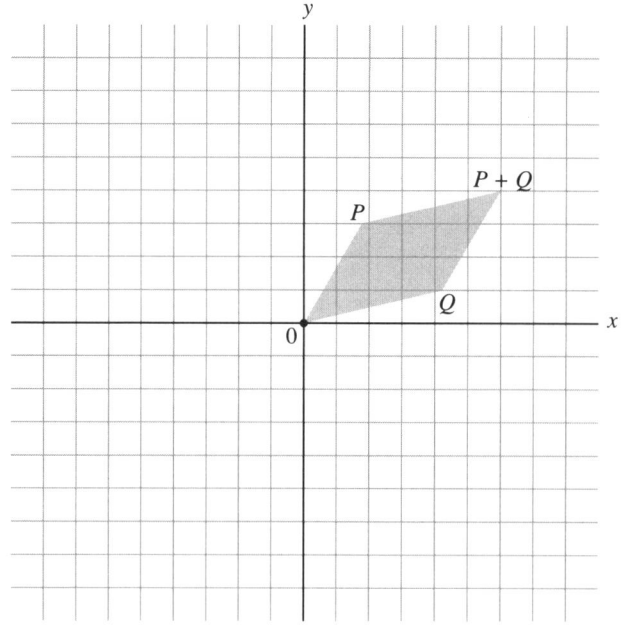

이 바로 $P + Q$에 대응되는 점이다. 복소수의 곱셈은 좀 더 미묘한 구석이 있긴 하지만 기하학적 해석은 덧셈과 마찬가지로 간단하면서도 우아하다.

우리는 아직 복소수의 곱셈에 기하학적 해석을 내릴 단계에 이르지 못했다. 그러나 간단한 예로부터 곱셈과 기하학 사이의 긴밀한 관계를 짐작해 볼 수는 있다. 이제 $(1+\sqrt{-3})/2$에 해당하는 점을 복소평면 위에 표시한 후 이 점과 원점 사이의 거리를 계산한다. 그리고 원점과 이 점을 직선으로 연결한 후 수평축과 이루는 각도를 구한다. 이 작업이 끝나면 앞서 구했던 세 개의 '−1의 세제곱근' (42절 참조)에 대해서도 이와 동일한 과정을 적용하고 각 점의 위치를 확인하라.

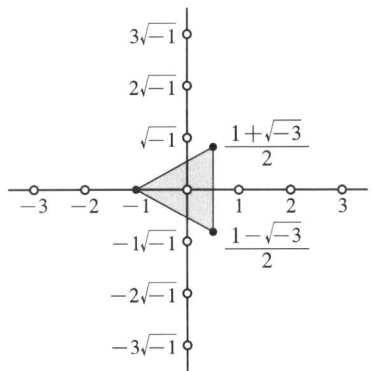

나중에 우리는 복소평면의 모든 점에 $(1+\sqrt{-3})/2$을 곱했을 때 어떤 변환이 일어나는지를 알아볼 것이다. 지금 당장은 (복소평면 위의 모든 점에) 실수 N을 곱한다는 것이 기하학적으로 어떤 의미를 갖는지 생각해 보자.

N이 양수인 경우 임의의 실수에 N을 곱하는 연산은 수직선(數直線)의 스케일을 바꾸는 변환에 해당한다. 이때 $N>1$이면 수직선의 스케일은 N배로 확장되고, $0<N<1$이면 N배로 수축된다.

일반적으로 복소평면에 양수 N을 곱하는 연산은 '각 지점과 원점 사이의 거리를 N배로 확장 또는 수축시키는 변환'에 대응된다(즉 복소평면 위의 점 $(a, b) = a+bi$에 양의 실수 N을 곱하면 이 점은 $N \cdot a + N \cdot bi$로 변환된다). 약간의 유클리드 기하학을 이용하여 이 사실을 확인할 수 있겠는가?

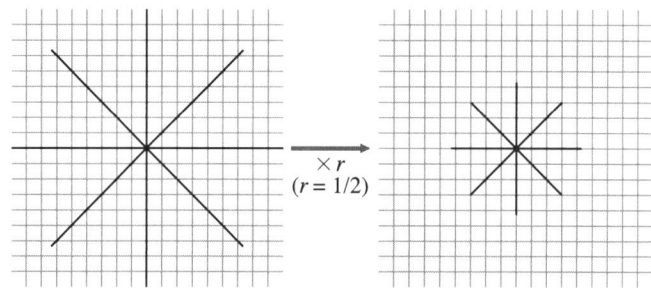

N이 음수인 경우(예를 들어 $N=-1$인 경우) 'N을 곱하는 연산'에 해당하는 기하학적 변환은 무엇인가? 앞으로 진행될 논리를 따라가려면 이 연산의 기하학적 버전을 반드시 이해하고 넘어가야 한다.

52. 솔직한 고백

나는 이 책의 초고를 수학자인 내 친구에게 보여 준 적이 있는데, 그는 내가 $\sqrt{-1}$을 설명하면서 예컨대 타르탈리아와 피오레의 문제

풀기 시합, 타르탈리아와 카르다노 사이의 논쟁 등 여러 일화들을 포함시킨 것을 달가워하지 않았다. "자네가 말하고자 하는 핵심적인 이야기, 곧 수를 이해하게 된 과정에 집중해야 하지 않겠나? 그런데 자네의 글은 르네상스시대의 구경거리를 너무 많이 언급하는 바람에 산만하고 혼란스러운 것 같아."

그날 그 친구와 나는 파도가 잔잔한 해변을 걷고 있었다. 햇빛은 평평한 모래사장을 비추고, 해안선은 짙은 안개에 가려 잘 보이지 않았다. 얕은 바다에 몸을 담근 채 바다 저편을 바라보는 사람들, 조개를 줍기 위해 바다 속으로 잠수하는 사람들이 간간이 눈에 띄었다. 우리는 바닷물을 향해 천천히 걸어갔다.

"자네가 말하고 싶은 것은 수학과 관련된 특수한 상상력 아닌가? 그럼 거기에만 집중하라고." 그는 이런 말을 하다가 문득 걸음을 멈추고 그 자리에 앉더니 모래사장을 기어가는 게 한 마리를 두 손가락으로 집어 들었다.

"기본적인 이야기는 지극히 논리적이지만 그 외의 내용들이 기본 줄거리를 받쳐 주지 못하는 것 같아." 이 말을 하는 동안 게는 그의 손에서 빠져나가기 위해 집게발을 허우적거리면서 손가락을 물려고 했다. 그 친구는 오른손으로 잡고 있던 게를 왼손으로 옮겨 잡으면서 말했다. "혹시 자네가 옛날이야기에 집착하는 이유가 상상력을 느끼는 경험을 설명할 만한 방법이 딱히 없기 때문 아닌가?" 그러는 동안 게는 친구의 손에서 계속 발버둥 치다가 기어이 빠져나가는 데 성공했다. 워낙 감격스러웠는지, 그 녀석은 모래 위에 잠시 동안 가만히 멈춰 있다가 갑자기 있는 힘을 다해 달리기 시작했다. 결국 그 작은 생명체는 도요새들이 쪼아 놓은 구멍을 요리조리 피해 가면서 재빠르게 바다 속으로 사라졌다.

"수학 표기법의 변천과정을 설명한 부분도 요점을 벗어나 있더군. 그건 마치 셰익스피어의 소네트 초판에 사용된 서체와 구두점을 논하면서 소네트 자체에 대해 논한다고 생각하는 것과 다를 바 없네."

 # 수의 기하학적 속성

53. 위대한 발견의 순간들

혁명적인 사유는 자신의 출현을 스스로 알린다. "이것은 가히 혁명적이고 위대한 발상이다. 그러니 나에게 집중하라!" 다른 부차적인 사유들은 자신의 등장을 예고하지 않으며 기록에 남겨진 사례도 거의 없다. 어쩌다가 기록에 남는다 해도 세월이 한참 지난 후에야 읽히곤 한다.

명백한 역사적 증거가 있다 해도 그 중요성을 올바로 판단하기란 결코 쉬운 일이 아닌데, 아주 작은 생각의 전환(표기법의 변화, 어떤 메타포의 첨가 또는 삭제 등)이 완전히 새로운 아이디어로 탄생하는 경우도 종종 있기 때문이다.

역사적인 발명을 예로 들어 보자. 복사기나 개인용 컴퓨터가 처음 발명되었을 때 그 물건이 향후 인간의 삶에 지대한 영향을 미치리라고 생각했던 사람은 거의 없었다. 그러니 누군가 **글쓰기**를 처음 발명했을 때(이런 결정적인 순간이 실제로 존재했다면) 그 영향을 미리 짐작하기란 거의 불가능했을 것이다. 그러나 존 애쉬베리의 산문시 〈그것이 무엇이건, 당신이 어디에 있건〉에는 과거에 글쓰기의 발명가들이 마치 그 여파를 미리 간파하고 행복해했던 것처럼 표현되어 있다.

코페르니쿠스의 지동설처럼 기존의 관념을 완전히 갈아엎는 혁신적인 아이디어는 역사책을 다 뒤져 봐도 단 몇 건에 불과하다. 인류의 역사를 바꾼 '새로운 사유'는 처음 제기되었을 때 그다지 주목받지 못하는 것이 일반적인 사례이다.[1] 코페르니쿠스의 아이디어가 이탈리아의 대수학 발명가들에게 어떤 영향을 미쳤는지 알아보는 것도 좋은 공부가 될 것이다. 과연 당시의 수학자들은 자신이 하고 있는 일이 코페르니쿠스의 지동설만큼이나 혁명적인 업적이 되리라는 것을 알고 있었을까?(《위대한 술법》의 제2판은 코페르니쿠스의 저서 《천체의 회전에 관하여(De Revolutionibus Orbium Coelestium)》의 서문을 썼던 안드레아스 오시안더(Andreas Osiander)에게 헌정되었다.)

54. 하나의 대상과 다른 대상을 연결 짓는 방법

독자들은 이 절의 제목을 보고 당황스럽거나 조심스러운 마음이 들었을 수도 있다. 37절에서 나는 실수 N을 '수직선 상의 모든 수에 N을 곱하는 변환'에 대응시켰고, 유클리드 평면 위의 점 (a, b)를 $a + b\sqrt{-1}$이라는 복소수에 대응시켰다. 그리고 지금은 복소수를 전체 평면의 변환과 연결 짓는 중이다. 그런데 하나의 대상을 (우리의 상상 속에서) 이것과 전혀 다른 대상과 연결한다는 것은 과연 무엇을 의미하는가? 이런 과정이 유독 수학에서 빈번하게 등장하는 이유는 무엇인가?

간단히 답하자면, 두 개의 대상을 서로 연결하려면 대상을 바라보는 관점을 바꿔야 하기 때문이다. 수학책에서 "X는(이면) Y이다(와 같다)"라고 주장하는 것은, 서로 다른 수학적 대상인 X와 Y를 특정한 논리로 서로 연결하겠다는 뜻이다.

> 평면 위에서 하나의 점 P를 결정한다는 것은 두 개의 실수, 즉 직교좌표계에서 점 P에 대응되는 좌표 (a, b)를 결정하는 것과 같다.

이 문장은 니콜 오렘에서 데카르트에 이르는 수백 년의 기간 동안 서서히 형성되어 온 '대수학과 기하학 사이의 가교'를 "~는 ~과 같다"라는 표현으로 연결한 것이다.

"X는(이면) Y이다(와 같다)"라는 표현은 학생들에게 수학을 가르칠 때 매우 유용하다. 이 표현은 완전히 이해할 수 있고, 논리적으로 와 닿으며, 그러면서도 관점의 변화를 유도하기 때문이다.

55. 노래와 이야기

애쉬베리가 말했던 "튤립의 노란빛"과 그에 따른 글쓰기의 발명에 대한 회상은 글쓰기를 반추하기에 적합한 문학적 형식 안에서 진행된다. **산문시**는 그 이름에서 알 수 있듯이 일종의 혼종(混種)이다. 산문작가와 시인을 산의 반대편에 서 있는 사람들로 간주한다면, 서로 상대방을 향해 터널을 뚫어 나가다가 중간에서 성공적으로 만났을 때 축하의 노래로 탄생하는 것이 바로 산문시라고 할 수 있다. 시인 보들레르(Baudelaire)는 이와 관련하여 다음과 같이 썼다.

> 영혼의 서정적 순간들, 환상곡의 굽이침, 양심의 돌연한 도약에 순응할 만큼 충분히 유연하고 충분히 갑작스러운 시적 산문의 기적, 운율과 각운이 없는 뮤지컬을 꿈꾸지 않은 이가 어디 있겠는가?[2]

산의 반대편에 있는 산문작가로는 소설가 버지니아 울프를 들 수 있다(수필가인 토머스 드퀸시(Thomas De Quincey)에 대해 논평하고 있다).

> 그러나 그는 자신의 가장 진실한 부분을 어떤 형태로 표현하려 했는가? 그는 아무런 준비도 되어 있지 않았다. 그는 자신이 "열정적인 산문 양식들"을 발명했다고 주장했다. 막대한 공을 들여 그는 "꿈의 세계에서 본 환영 같은 풍경들"을 표현할 양식을 만들었다. 그는 그러한 산문이 전례가 없는 것이라고 믿었다. 그리고 독자들에게 "단 하나의 잘못된 음조와 단 하나의 불협화음이 음악 전체를 망치는" 일을 시도하는 자신의 "어마어마한 어려움"을 기억해 달라고 애원했다.[3]

물론 여러 종이 섞여 혼종으로 태어난 것은 산문시뿐만이 아니다. 시도 노래와 마찬가지로 단어와 음조(音調)를 접목하여 태어난 혼종으로 볼 수 있다. 그러나 노래와는 달리 시의 음조는 단어 자체로부터 발산하며 단어는 음조로부터 발산한다. 그러므로 시를 노래에 비유한다면 산문시는 '말로 부르는 블루스'라 할 수 있을 것이다.

56. 복소평면에서의 곱셈.

$\times\sqrt{-1}$, $\times(1+\sqrt{-1})$, $\times(1+\sqrt{-3})/2$의 기하학적 의미

복소수의 곱셈은 **대수학적** 정의와 **기하학적** 정의를 모두 갖고 있다. 앞에서 설명했던 대수법칙을 다시 상기해 보자. $3+4\sqrt{-1}$과 $5+6\sqrt{-1}$을 곱하려면 곱셈을 네 번 수행해야 한다. 즉 $3+4\sqrt{-1}$의 실수부와 허수부가 $5+6\sqrt{-1}$의 실수부와 허수부에 각각 곱해지므로 네 개의 항이 얻어지는 것이다. 구체적인 계산결과는 후주를 참고하기 바란다.[4]

예를 들어 $a+bi$에 i를 곱하면

$$i \times (a+bi) = ai + bi^2 = -b + ai$$

가 된다. 다시 말해서 복소수 $a+bi$(a와 b를 양수라 하면, 이 복소수는 허수축에서 오른쪽으로 a만큼 떨어져 있고 실수축에서 위쪽으로 b만큼 올라간 지점에 대응된다)에 허수 i를 곱하면 $-b+ai$(허수축에서 왼쪽으로 b만큼 떨어져 있고 실수축에서 위쪽으로 a만큼 올라간 지점에 대응된다)가 된다. 이 사실로부터 'i를 곱하는 연산'이 '원점을 중심으로 복소평면 전체를 반시계방향으로 90°만큼 회전시키는 변환'에 대응된다는 것을 이해할 수 있겠는가?

이 계산을 성공적으로 수행한 독자들을 위해 연습문제 두 개를 추가로 준비해 두었다.

첫 번째 문제는 복소평면에 있는 모든 복소수에 $1+i = 1+\sqrt{-1}$을 곱하는 연산이 기하학적으로 어떤 변환에 해당하는지를 알

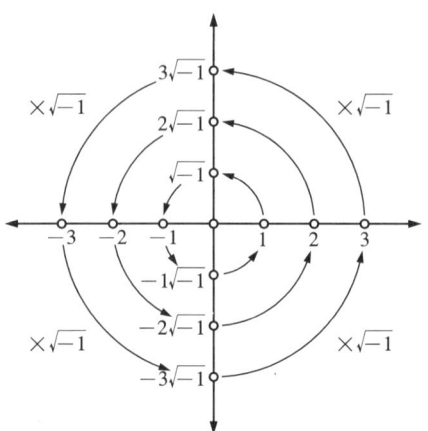

아내는 것이다. 일단은 이 변환을 시각화한 후에 방금 위에서 했던 것처럼(i를 곱한 경우) 글로 표현하면 된다.

힌트(필요하지 않을 수도 있음): 우선 $1+i$를 제곱하여 여기에 대응되는 복소평면의 변환을 시각화한 후에 문제를 공략하라.

두 번째 문제는 다음의 복소수에서 출발한다.

$$\frac{1+\sqrt{-3}}{2} = \frac{1}{2} + \left(\frac{\sqrt{3}}{2}\right)i$$

앞에서 우리는 이 복소수의 성질을 살펴본 적이 있다($(1+\sqrt{-3})/2$을 세제곱하면 -1이다). 복소수의 가장 일반적인 형태인 $a+bi$에 $(1+\sqrt{-3})/2$을 곱하면

$$\left(\frac{a-\sqrt{3}\cdot b}{2}\right) + \left(\frac{\sqrt{3}\cdot a + b}{2}\right)i$$

가 된다. 물론 i나 $1+i$를 곱했을 때와 마찬가지로 이 경우도 하나

의 변환에 대응된다.

당신은 이 변환에 기하학적 해석을 내릴 수 있겠는가?

힌트 : $(1+\sqrt{-3})/2$의 세제곱이 얼마였는지를 생각해 보라.

이제 두 문제의 답이 맞았는지 확신할 수 있겠는가?

이 문제를 풀다 보면 복소수의 저변에 깔려 있는 대수학과 기하학 사이의 관계를 생생하게 느낄 수 있다. 서로 다른 두 종류의 직관을 조화롭게 결합시키면(지금 우리는 **기하학적** 직관을 **대수학적** 구조 위에 겹쳐 놓으려고 하는 중이다) 새롭고 더욱 강력한 **혼종** 직관이 탄생한다. 지금부터 우리가 할 일은 새롭게 얻은 직관을 우리의 상상력에 확고하게 편입시키는 것이다.

57. 나의 추측이 옳다는 것을 어떻게 확신할 수 있을까?

고등학교 시절에 배웠던 대수학과 기하학을 어렴풋이 기억하고 있다면 이제 당신은 앞에서 계산한 답이 맞는지 확인할 수 있는 단계에 이른 셈이다. 무언가의 옳고 그름을 **증명**하려면, 일단 그것과 관련된 모든 개념과 연산을 확실하게 이해하고 있어야 함은 물론, 그 문제와 관련하여 당신이 당연하다고 생각했던 진실들을 논리에 맞게 체계화해야 한다. 이것이 어렵다면 적어도 "이러이러한 주장이 사실이라면…"이라는 가정이라도 세워야 한다. 주어진 명제를 증명하는 것은 고등학교 수학(특히 기하학)시간에 배우는 가장 중요한 기술 중 하나이다. 그러나 여기서는 독자들이 고등학교 때 배운 수학을 모두 잊어버려서 수학적으로 완전한 백지상태에서 시작한다고 가정하자. 그럼에도 어쨌거나 당신은 이 지점까지 오는 데 성공했다. 이왕 계산을 했으니 답이 맞는지 확인은 하고 넘어가야 하지 않겠는가?

우리의 작전은 간단하다. 일단 할 수 있는 것부터 해 보는 것이다! 수학의 놀라운 특성 중 하나는, 증명의 시작이나 끝이나 어떤 권위가 아니라 오로지 증명하는 사람의 마음에 따라 좌우된다는 것이다. 증명은 한 사람의 생각 속에서 이루어지며, 마음만 먹으면 누구나 할 수 있다. 이론적인 기초가 빈약하다면 각자 타고난 수학적 눈과 귀를 이용하여 옳고 그름을 추측할 수 있다. 물론 추측만으로는 답이 맞는지 확신할 수 없지만 이 과정에서도 배울 것은 있다.

이 절의 제목에 답하기 위해 몇 개의 복소수 Q에 $(1+\sqrt{-3})/2$을 곱한 결과를 복소평면 위에 그려 보고(정확하게 그릴 수 없다면 대략적으로라도 그려 보자), 이 곱셈에 대하여 우리가 짐작했던 기하학적 해석이 정말로 맞는지 확인해 보자. 물론 이런 식으로는 우리의 짐작이 맞는다는 것을 증명할 수 없지만 확인하는 과정에서 중요한 사실을 알게 될 것이다. 한 예로 이 과정에서 복소수의 곱셈을 기술하는 방법이 정말로 두 가지(대수학적 방법과 기하학적 방법)임을 알게 될 것이고, 이를 통해 대수학과 기하학 사이의 관계를 이해할 수 있을 것이다.

원래 우리의 목적은 수를 이해하는 것이었고, 진도를 나가다 보니 $\sqrt{-1}$이라는 희한한 대상과 마주치게 되었다. 그러나 우리는 여기서 멈추지 않고 $\sqrt{-1}$에 현실적인 의미를 부여하려 하고 있다. 그렇다면 우리의 목적은 '수 이해하기'에서 '두 개의 상이한 직관 사이에 다리 놓기'로 바뀐 것일까?

만일 우리가 대수학을 마음대로 갖고 노는 대가라면 굳이 그런 다리를 구축할 필요가 없다. 대수학 분야에 뛰어난 직관을 갖고 있는 내 친구는 다음과 같이 주장했다. "초기 수학자들이 허수를 다소 불편하게 표기하긴 했지만, 허수를 기하학적으로 표현하지 못한 상태에 어떤 **상상력의 공백**이 존재한다고 생각하는 것은 잘못이다. 허수는 그 나름대로 명확한 법칙을 따르며, 그것만으로도 충분하다."

그러나 지난 세월 동안 비약적인 발전을 이루어 온 수학 덕분에 우리의 직관이 더욱 넓어지고 적응력이 향상된 것은 분명한 사실이다. **대수학적** 직관과 **기하학적** 직관 중 하나를 선택해야 하는 상황에 처한다면, 영화 〈*Beat the Devil*〉(BMW에서 홍보용으로 제작한 단편영화 : 옮긴이)의 충고를 따르는 편이 현명할 것이다. 롤스로이스와 캐딜락을 놓고 어떤 차를 선택해야 할지 고민하느니 차라리 두 개를 다 갖는 것이 속 편하지 않겠는가!

58. 수의 정체는 과연 무엇인가?

우리는 숫자 2와 1/2, $\sqrt{-1}$ 등을 '복소평면 위의 모든 수에 이들을 곱했을 때 일어나는 변환'으로 이해했다. 예를 들어 모든 수에 2를 곱하는 연산은 복소평면 전체를 2배로 잡아 늘이는 변환에 대응된다. 또한 모든 수에 1/2을 곱하는 연산은 복소평면 전체를 1/2배로 축소시키는 변환으로 이해할 수 있다. 여기서 한걸음 더 나아가 모든 수에 $\sqrt{-1}$을 곱하면 복소평면은 반시계방향으로 90°만큼 회전하게 된다. 이런 식으로 생각하면 좀 더 새로운 관점에서 수를 이해할 수 있지 않을까?

고등학교 시절에 배웠던 유클리드의 《기하학원론》을 기억하는 독자들은 수를 '스케일 변환'으로 이해하는 것과 유클리드의 '비율이론(theory of proportions)'(수를 비율의 개념으로 해석하는 이론) 사이의 유사성을 이해할 수 있을 것이다. 앞서 살펴본 대로 니콜 오렘은 이 비율을 **강도**라고 불렀으며(24절 참조), 뉴턴은 《보편적 대수학》에서 수에 대하여 다음과 같이 설명하였다.

> 우리는 수를 복수의 단위들로 이해하기보다는, 동종의 다른 양에 대한 우리가 단위로 정한 어떤 양의 추상적인 비율로 이해한다.[5]

수를 기하학적 변환으로 이해한다는 것은 수를 비율로 이해했던 과거의 관점을 좀 더 적극적으로 수용한다는 뜻이다. 지금부터 우리는 이 '비율'을 평면의 확대 또는 수축의 개념으로 이해하고자 한다(복소수의 경우에는 평면의 회전으로 이해한다).

59. 복소평면에서 곱셈을 어떻게 시각화할 수 있는가?

읽기 전에 일단 스스로 답을 추측해 보라!

0이 아닌 임의의 복소수 $P = a + bi$의 위치를 복소평면에 표시해 보자. 23절에서 언급한 대로 이 문제는 두 가지 방법으로 해결할 수 있다. 하나는 직교좌표를 이용하여

$$a + bi \longleftrightarrow (a, b)$$

의 위치를 결정하는 것이고, 다른 하나는 극좌표를 이용하여 P를 표현하는 것이다. 극좌표는 동경 r(원점과 P 사이의 거리)과 위상각 α(원점과 P를 잇는 직선과 원점의 오른쪽에 있는 x축 사이의 각도)를 결정함으로써 하나의 점을 지정하는 좌표계이다.

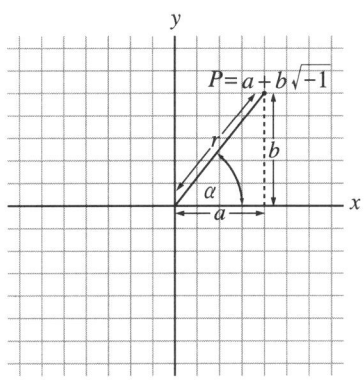

이와 같이 복소수의 위치를 표현하는 '언어'가 두 가지(직교좌표와 극좌표) 있으므로, 하나의 언어에서 다른 언어로 번역하는 방법도 알고 있어야 한다.

'P를 곱하는 연산'의 기하학적 의미는 P의 극좌표 (r, α)에 함축되어 있다. 임의의 복소수 Q를 새로운 복소수 $P \cdot Q$로 바꾸는 변환은 두 단계의 변환으로 나누어 생각할 수 있는데, 첫 번째 변환은 동경 r에 의해 결정되고 두 번째 변환은 위상각 α에 의해 결정된다. 첫 번째 변환은 복소평면 전체에 양의 실수 r을 곱하여 확대($r<1$인 경우에는 축소)하는 변환이고(다음 그림 참조), 두 번째

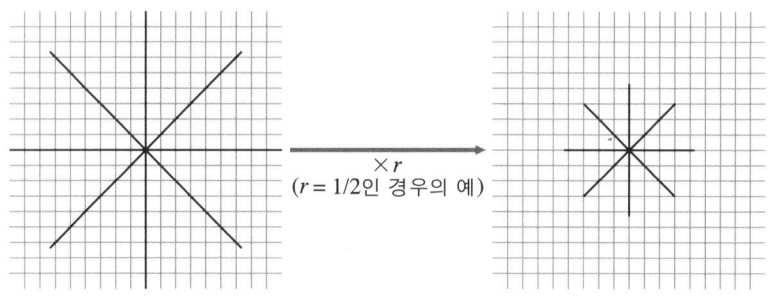
(r = 1/2인 경우의 예)

변환은 원점을 중심으로 복소평면 전체를 각도 a만큼 반시계방향으로 회전시키는 변환이다.

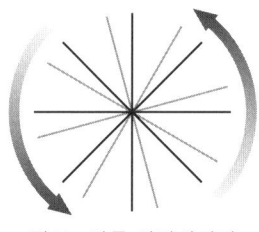

각도 a만큼 회전시키기

당신이 짐작했던 답과 얼마나 일치하는가?

지금까지 설명한 내용을 깔끔하게 정리해 보자. 복소수의 연산은 두 가지(덧셈과 곱셈 : 뺄셈과 나눗셈은 각각 덧셈과 곱셈으로 해석할 수 있다)가 있고, 복소수를 기하학적으로 표현하는 방법도 두 가지가 있다(직교좌표와 극좌표). 직교좌표에서는 덧셈을 쉽게 표현할 수 있고, 극좌표에서는 곱셈을 쉽게 표현할 수 있다. 앞에서도 언급한 적이 있지만, 직교좌표에서 복소수의 덧셈은 다음과 같이 간단한 규칙을 따른다.

$$\dfrac{\begin{array}{c}a+\sqrt{-1}\cdot b\\ c+\sqrt{-1}\cdot d\end{array}}{(a+c)+\sqrt{-1}\cdot(b+d)}$$

곱셈의 경우 두 개의 복소수를 곱한 복소수의 동경은 두 복소수의 동경을 **곱한** 값과 같고 위상각은 두 복소수의 위상각을 **더한** 값과 같다.[6] 예를 들어 복소수 U와 V의 곱을 W라 하고,

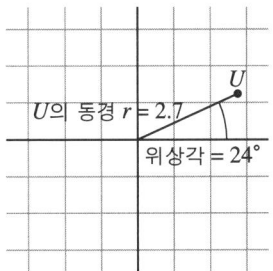 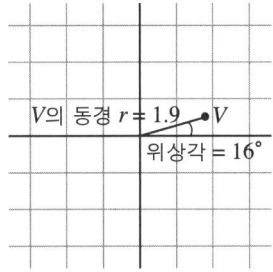

라 하면, W의 동경은 U의 동경과 V의 동경을 곱한 값, 즉

$$r = 2.7 \times 1.9 = 5.13$$

이고, W의 위상각은 이들의 위상각을 더한 값, 즉

$$a = 24° + 16° = 40°$$

가 된다.

이제 독자들은 다른 복소수에 대해서도 이 계산을 어렵지 않게 수행할 수 있을 것이다. 0이 아닌 임의의 복소수 P(동경 $= r$, 위상각 $= a$)가 주어졌을 때, P의 제곱근(두 개 있음)과 세제곱근(세 개

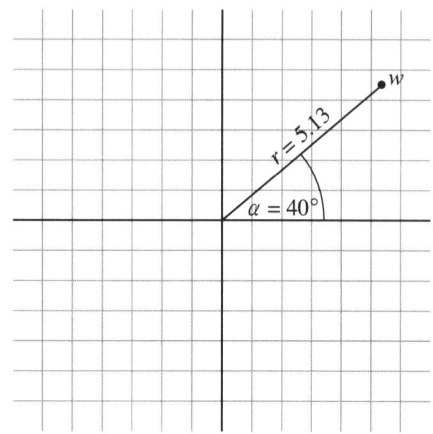

있음)을 동경 r과 위상각 α로 나타낼 수 있겠는가?

 수에 내재되어 있는 기하학적 의미

60. "이 방정식들은 그 성질은 다르지만 코사인방정식과 동일한 형태이다."

복소수에 대한 기하학적 해석이 처음 내려진 것은 언제쯤이었을까? 다항방정식의 해와 삼각함수 사이의 관계는 오래 전부터 알려져 있었지만,[1] 아브라함 드무아브르가 원의 둘레를 n등분하는 문제와 복소수의 n제곱근 사이의 관계를 처음으로 인식한 것은 1707년의 일이었다. 드무아브르의 아이디어를 이해하기 위해 $n = 2$인 경우를

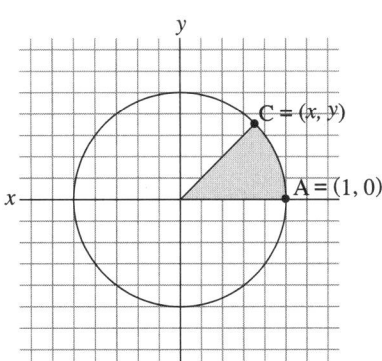

역으로 추적하여 '각도 두 배 늘이기'와 '복소수 제곱하기'의 관계를 알아보기로 하자. 이를 위해서는 기하학과 관련된 약간의 사전지식이 필요하다.

반지름이 1인 파이를 잘라 낸 부채꼴 모양의 파이조각을 생각해 보자. 이 파이조각을 다시 이등분한 그림은 다음과 같다.

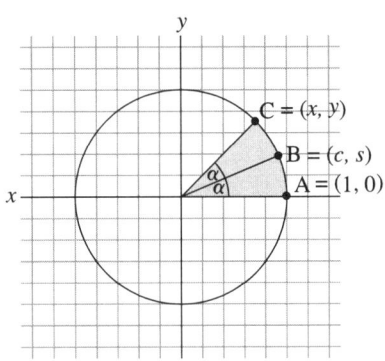

이제 파이조각의 원호를 따라 위의 그림과 같이 A, B, C점을 정한다. A는 x축 위에서 원점으로부터 오른쪽으로 1만큼 떨어진 곳에 놓여 있으므로 좌표는 $(1, 0)$이다. B점의 좌표는 아직 알 수 없지만 일단은 (c, s)라고 하자(여기서 c는 이등분한 파이조각의 중심각 α에 대한 '코사인'을, 그리고 s는 α의 '사인'을 의미한다. 그러나 지금 당장은 신경 쓸 필요 없다). 이제 C점의 좌표를 (x, y)라 하면, (c, s)와 (x, y)의 관계는 다음과 같다(증명은 생략한다).

$$x = c^2 - s^2, \quad y = 2cs$$

(삼각함수의 배각공식을 기억하는 독자들은 $\cos 2\alpha = \cos^2 \alpha - \sin^2 \alpha$ 와 $\sin 2\alpha = 2\sin\alpha\cos\alpha$를 이용하여 쉽게 증명할 수 있다 : 옮긴이)

드무아브르는 복소수 $c+\sqrt{-1}\cdot s$를 제곱하면 c^2-s^2과 $2cs$가 얻어진다는 사실을 간파하였다. 즉 [2]

$$(c+\sqrt{-1}\cdot s)^2 = (c^2-s^2) + \sqrt{-1}\cdot(2cs)$$

이며, 이 결과를 x와 y로 표현하면

$$(c+\sqrt{-1}\cdot s)^2 = x + \sqrt{-1}\cdot y$$

가 된다.

위에 제시된 그림과 방금 실행한 계산으로 미루어 볼 때, 임의의 복소수를 제곱하면 위상각이 두 배로 커진다는 것을 알 수 있다. 또한 복소수를 세제곱하면 위상각은 세 배로 커진다(일반적으로 임의의 복소수를 n제곱하면 위상각은 n배로 커진다). 드무아브르는 이러한 사실로부터 "전혀 성질이 다른 대상들" 사이의 수학적 유사성을 찾아낼 수 있었다.

서로 다른 수학적 대상들에서 유사성이 발견되었다는 것은, 이들 사이에 보다 깊은 구조적 유사성이 존재함을 암시한다.

여기서 잠시 드무아브르가 1738년에 발표한 논문 〈거듭제곱근의 단순한 표현법(Of the Reduction of Radicals to More Simple Terms)〉의 내용 중 일부를 살펴보자(강조는 필자가 했다).[3]

$(a+\sqrt{b})$의 n제곱근과 $(a-\sqrt{b})$의 n제곱근의 합을 $2x$라 하고, (a^2-b)의 n제곱근을 m이라 하자. 그러면 n이 1, 2, 3, 4, 5, 6 …일 때 다음의 방정식들이 얻어진다.

1st. $x = a$
2nd. $2x^2 - m = a$
3rd. $4x^3 - 3mx = a$
4th. $8x^4 - 8mx^2 + m^2 = a$
5th. $16x^5 - 20mx^3 + 5m^2x = a$
6th. $32x^6 - 48mx^4 + 18m^2x^2 - m^3 = a$
7th. $64x^7 - 112mx^5 + 56m^2x^3 - 7m^3x = a$
⋮

이 방정식들은 그 성질은 다르지만 코사인방정식과 동일한 형태이다. 이제 원의 반지름을 r이라 하고, 어떤 주어진 원호에 대한 코사인을 c라 하자. 그리고 방금 잡은 원호의 길이를 $1/n$배로 줄였을 때 그 원호에 대한 코사인을 x라 하자. 그러면 이들 사이에는 다음과 같은 관계가 성립한다.

1st. $x = c$
2nd. $2x^2 - r = c$
3rd. $4x^3 - 3rx = c$
4th. $8x^4 - 8rx^2 + r^2 = c$
5th. $16x^5 - 20rx^3 + 5r^2x = c$
6th. $32x^6 - 48rx^4 + 18r^2x^2 - r^3 = c$
7th. $64x^7 - 112rx^5 + 56r^2x^3 - 7r^3x = c$
⋮

드무아브르가 발견한 유사성을 하나의 방정식으로 압축한 결과는 다음과 같다(이것을 '드무아브르의 공식'이라 한다).

$$(\cos\theta + \sqrt{-1}\sin\theta)^n = (\cos n\theta + \sqrt{-1}\sin n\theta)$$

이 공식은 드무아브르가 발견했던 '모든 것'을 함축적으로 보여 주는 것 같지만, 형태가 너무 간단해서 이로부터 서로 다른 방정식들 사이의 상호관계를 유추하기란 쉽지 않다. 드무아브르는 두 개의 방정식 집합 사이의 유사성을 이용하여 '복소수의 n제곱근 구하기'와 '부채꼴 n등분하기'가 수학적으로 긴밀하게 얽혀 있다는 사실을 알아냈다. 앞서 살펴봤던 논의와 달 페로의 공식을 이해하는 데 가장 중요한 것은 $n = 3$인 경우, 즉 세제곱근과 각의 3등분 사이의 상호관계이다. 그러나 드무아브르는 일반적으로 복소수 $a + \sqrt{-b}$의 위상각을 n등분하여 $a + \sqrt{-b}$의 n제곱근을 구했으며, 그 결과를 '사인표(table of sines)'에 정리해 놓았다. 예를 들어 $81 + \sqrt{-2700}$의 세제곱근은

$$\frac{9}{2} + \left(\frac{1}{2}\right)\sqrt{-3}, \quad \frac{3}{2} - \left(\frac{5}{2}\right)\sqrt{-3}, \quad -3 + 2\sqrt{-3}$$

이다. 계속해서 그의 설명을 들어 보자.

> 월리스 박사(Dr. Wallis)는 3차방정식을 원에 대응시킴으로써 사인표를 사용하지 않고 $81 + \sqrt{-2700}$의 세제곱근을 계산할 수 있다고 생각했다. 그러나 이것은 사실이 아니다. 이런 식으로 문제를 풀다 보면 항상 처음 시작했던 방정식으로 되돌아가기 때문이다. 사인표를 사용하지 않으면 거듭제곱근을 직접적으로 구할 수 없으며, 특히 거듭제곱근이 무리수일 경우 그러하다. 이 점에 대해서는 다른 수학자들도 동의하고 있다.[4]

드무아브르가 이 글을 쓴 것은 봄벨리의 《대수학》이 발표되고

근 2세기가 지난 후의 일이었다. 여기에는 비에트와 지라르가 제시했던 아이디어와 함께, 33절에서 다뤘던 '봄벨리의 수수께끼'(지표의 값이 음수일 때 달 페로의 공식을 해석하는 방법)가 더욱 세련된 형태로 제시되어 있다. 또한 드무아브르는 기하학을 이용하여 복소수의 대수적 성질을 명확하게 규명하였다. 글에 등장하는 월리스 박사는 영국 수학자 존 월리스(John Wallis)로서, 1673년에 '대수학(Algebra)'이라는 글에서 허수를 양수와 음수 사이의 비례중항(mean proportion)으로 표현하였다. 그는 허수와 기하학적 구조 사이의 유사성을 인식하였다. "대수학에서 말하는 $\sqrt{-bc}$ (양수와 음수의 비례중항)는 기하학에서 예증될 수 있다."[5]

방금 인용한 문장은 월리스가 $\sqrt{-bc}$ 를 수직선(數直線)을 벗어난 평면 위에 표현하기에 앞서 서두 격으로 적어 놓은 것으로, 한 세기 후에 완전히 발전할 아이디어의 정수(精髓)를 담고 있다.

지금부터 복소수와 삼각함수를 연결하는 '드무아브르의 방정식'의 수학적 성질과 드무아브르 본인의 설명(이 절의 제목) 사이의 작은 차이점을 주의 깊게 살펴보자. 드무아브르의 설명은 주로 복소수와 삼각함수 사이의 **유사성**에 초점을 맞추고 있다.

유사성은 수학 전반에 걸쳐 찾아볼 수 있다. 가장 불안정해 보이는 유사성이 가장 큰 결실을 맺으며, 수학자들로 하여금 더 확장된 구조 속에 놓고 보면, 비슷해 보이는 수학적 대상들이 실은 동일하다는 것을 입증하도록 자극한다(새로운 유사성이 발견될수록 '확장된 구조'는 무르익는다). 20세기의 위대한 수학자인 앙드레 베유(Andre Weil)는 수학적 유사성에 관하여 다음과 같이 언급하였다.

모든 수학자가 익히 알고 있는 사실이지만, 하나의 이론을 다른 이론에 투영하는 것을 방해하는 모호한 유사성이야말로 수학을 발전시키는 가장 중요한 요소이다. 수학자들은 이러한 설명할 수 없는 불일치를 파고들면서 가장 큰 희열을 느낀다.

그러다가 모호함이 제거되면 직감은 확실성으로 변하고 비로소 밝은 날이 찾아온다. 서로 닮은 이론들은 공통점을 드러내면서 더욱 확장된 이론을 탄생시키고 자신은 역사 속으로 사라진다. 《바가바드 기타(*Bhagavad Gita*)》(힌두교의 경전 : 옮긴이)의 가르침처럼, 이 과정에서 우리는 지식과 무관심을 동시에 배우게 된다.[6]

피타고라스의 경우와 마찬가지로 아브라함 드무아브르를 대상으로 한 전기물 역시 많으며, 그중 일부에는 허황된 이야기가 등장한다. 예를 들어 드무아브르는 매일 어제보다 15분씩 더 자면서 (수면시간이 24시간이 되는 날 죽는다는 가정하에) 자신이 죽을 날을 정확하게 예견했다고 한다.[7]

드무아브르가 위대한 업적을 남긴 후 18세기에 사인함수와 코사인함수는 복소수를 계산하는 데 널리 사용되었으며, 이로부터 기하학적인 문제가 자연스럽게 대두되었다. 예를 들어 현대의 수학자들은 1749년에 발표된 오일러의 논문 〈방정식의 허수 근에 관한 연구(*Recherches sur les racines imaginaries des équations*)〉[8]를 읽으면서 오일러가 계산을 수행할 때 복소평면을 이용했을 거라고 생각할 것이다. 그러나 당시의 수학자들은 복소수를 평면에 명확하게 표현할 수 없었다.

61. 새로운 발견에 대한 평가

드무아브르의 논문은 복소수의 대수학과 기하학 사이의 연결고리를 분명하게 보여 준다. 기하학과 대수학은 나란히 자신의 길을 가면서 구조적 특성을 서로 공유하고 있다.

완전하게 통합된 기하학적-대수학적 관점은 여러 수학자들에 의해 제기되었으나 그중에는 당대의 위대한 수학자들이 포함되어 있지 않았다.[9] 아마도 오일러(1707~1783)와 가우스(1777~1855) 등 18세기와 19세기 초에 활동했던 대표적인 수학자들에게는 드무아브르의 연결고리 정도면 충분했기 때문이었을 것이다. 그들은 매우 뛰어난 수학적 지각력을 갖고 있었으므로 그 이상의 상상력을 발휘할 필요가 없었을 것이다.

가우스를 예로 들어 보자. 그는 1799년에 쓴 박사학위논문에서 실계수를 갖는 비상수다항식이 실계수를 갖는 선형다항식이나 2차 다항식의 곱으로 표현되며, 따라서 이러한 다항식들이 복소수해(또는 실수해)를 갖는다는 것을 증명하였다. 오늘날 이것은 대수학의 기본 정리로 알려져 있다.[10] 그는 기하학이나 복소수를 거의 언급하지 않은 채 오로지 드무아브르가 개발한 방법만을 사용하여 이 증명을 완성하였다.

복소수의 기하학을 처음으로 언급한 사람은 덴마크-노르웨이의 수학자 카스파르 베셀(Caspar Wessel)이었다. 그는 1797년에 복소수의 기하학적 특성에 대한 논문을 작성하여 코펜하겐에 있는 덴마크왕립과학학회(Royal Danish Academy of the Sciences)에 제출하였고, 1799년에 그 학회에서 발행하는 학술지 〈*Mémoires*〉

를 통해 정식으로 발표하였다. 그러나 이 논문은 1세기 후에 프랑스어로 번역될 때까지 별다른 관심을 끌지 못했다(프랑스어 제목은 〈방향의 해석적 표기(*La représentation analytique de la direction*)〉이다). 이와 비슷한 관점에서 복소수의 기하학을 다뤘던 두 번째 논문은 스위스의 도서판매상이자 아마추어 수학자였던 아르강(Jean-Robert Argand)이 1806년에 파리에서 발표한 논문(〈기하학적 구조에서의 허수 표기법에 관한 소론(*Essai sur une Manière de représenter les quantités imaginaires dans les constructions géométriques*)〉)을 들 수 있는데, 이 역시 널리 읽히지는 않았다.

그로부터 몇 년 뒤 프랑세(J.-F. Français)도 이와 비슷한 내용의 논문(〈위치의 기하학에 관한 새로운 원리와 허수 기호의 기하학적 해석(*Nouveaux principes de géométrie de position, et interprétation géométrique des symboles imaginaires*)〉)[11]을 발표하였다. 그는 이 논문에서, 먼저 세상을 떠난 자신의 형이 남긴 서류에서 복소수의 기하학적 표현이 간략하게 서술되어 있는 르장드르(Adrien Marie Legendre)의 편지를 발견했다고 말하며 자신이 이 아이디어의 원조가 아님을 밝히고 있다. 그의 진술에 따르면 르장드르는 복소수를 기하학적으로 표현하려는 시도를 하나의 "신기한 유희"로 간주했으며, 그 역시 누군가로부터 이 아이디어를 전해 들었다고 한다. 르장드르는 이 아이디어를 누구로부터 전수받았는지 밝히지 않았으며, 그가 남긴 저서를 모두 뒤져 봐도 더 이상의 언급은 없다. 프랑세는 자신의 글에서 누구든지 복소수의 기하학적 표현을 처음 발견한 사람은 신분을 밝혀 달라고 당부하였다.

그로부터 두 달 후 아르강이 나타나 르장드르가 그 아이디어를 자신에게서 처음 배웠다고 주장하면서 1806년에 자신이 발표한 논문을 보면 진실을 알 수 있을 것이라고 했다.[12] 아르강은 더 나아가 대수학과 관련된 달랑베르(d'Alembert)의 기본 정리를 더욱 간단한 형태로 재구성하여 자신의 이론을 보충했다(그러나 그가 사용했던 논리는 틀린 것으로 판명되었다).[13] 또한 그는

$$\sqrt{-1}^{\sqrt{-1}}$$

을 복소수로 표현하는 것이 불가능하다고 주장했다(그러나 이것 역시 사실이 아니다. 이 수는 복소수의 극좌표 표기법을 이용하여 자연스럽게 해석할 수 있는데, 그 결과는 놀랍게도 실수이다. 이 사실은 오일러가 증명했다).

프랑세의 논문과 아르강의 응답은 제르곤느(Joseph-Diaz Gergonne)가 편집을 맡고 있던 수학 학술지 〈순수 및 응용 수학 연보(Annales de mathématiques pures et appliquées)〉의 한 구석에 '수학적 철학(Philosophie Mathématique)'이라는 제목으로 실렸다. 당시 복소수의 기하학적 표현법에 매료되어 있었던 제르곤느는 주변 친구들을 종용하여 관련 논문을 제출하게 했고, 발표된 논문을 반박하는 논문도 같은 학술지에 나란히 게재하였다.[14] 그는 논문들에 각주를 달고, 내용을 추가 설명하고, 제기된 관점들을 반박하고, 대립하는 관점들을 중재하는 등 심판 역할을 하였다. 예를 들어 〈연보〉에 제출한 논문의 끝부분에서 프랑세는 다음과 같이 썼다.

이것은 '위치의 기하학'이론에 기초를 두고 있는 새로운 원리를 간략하게 서술한 일종의 스케치이다. 이 원리의 진위 여부는 기하학자들이 판단해 줄 것이다. 위에서 언급한 원리들은 현재 수용되고 있는 허수이론과 정반대의 형식을 취하고 있으므로 반대 의견이 많이 제기될 것이다. 그러나 이로부터 유도된 결과들이 처음에는 이상하게 보일지라도 결국은 옳은 것으로 판명될 것을 믿어 의심치 않는다.[15]

이 글의 끝부분에 추가되어 있는 제르곤느의 각주는 '프랑세의 아이디어는 과연 생소한 것인가?'라는 질문에 초점을 맞추고 있다. 그는 "나는 프랑세의 아이디어를 폄하할 생각은 추호도 없다. 다만 그의 아이디어가 싹을 틔우지 못할 정도로 생소한 개념이 아니라는 것을 보이고 싶을 뿐이다"라고 썼다. 그러고는 2년 전에 〈연보〉에 게재되었던 한 편의 논문(복소수의 기하학적 해석에 관한 논문)에 자신이 달았던 각주를 제시하였는데, 여기서 그는 프랑세의 이론에 나오는 기하학적 배치와 유사하게 일련의 복소수들을 직교배열에 재배치하였다.

제르곤느는 세르보어(J.-F. Servois)에게 프랑세와 아르강의 논문을 논평해 달라고 부탁했다. 세르보어는 편지를 통해 아르강의 논리에는 잘못된 부분이 있고, 프랑세의 주장은 아직 확증되지 않았다고 대답했다. 그리고 "단순한 유사성"으로부터 전체를 기하학적으로 해석하려는 시도에 무리가 있음을 지적하였다.

단순한 유사성만으로는 이미 수용된 기존의 원리들에 상반되는 새로운 수학을 구축하기에 역부족이라고 생각한다.[16]

세르보어는 프랑세와 아르강의 이론이 분석적 형태를 띤 "기하학적 가면"에 불과하며, 기하학의 제한을 받지 않은 순수한 대수학이 더욱 단순하면서도 효과적이라고 생각했다. 제르곤느는 세르보어의 글에 일일이 각주를 달아 놓았는데, 그중 하나를 여기 소개한다.

> 세르보어는 신비적이고 난해한 요소가 모두 제거된 대수적 분석법을 중요하지 않다고 생각한 것일까?[17]

베셀과 아르강, 그리고 프랑세는 한결같이 $\sqrt{-1}$을 '+1과 −1 사이에서 기하학적 의미를 갖는 양'으로 생각했으며, 이 논리에 의거하여 평면 위에서 +1과 −1의 중간지점에 $\sqrt{-1}$을 표기하였다(이것은 앞에서 우리가 잡았던 것과 동일한 위치이다). 또한 그들보다 한 세기 전에 활동했던 존 월리스는 음수의 제곱근을 일종의 기하평균으로 간주했다. 아르강의 회고록을 보면 **변환으로서의 수**의 역할이 설명되어 있다. 이 논리에 따라 −1을 곱하는 연산을 180° 회전에 대응시키면, −1은 일종의 변환으로 취급되어 두 개의 제곱근을 갖는다는 사실이 분명해진다(90° 회전하는 방법은 시계방향과 반시계방향, 두 가지가 있다).[18]

프랑세가 논문에서 제안했던 '허수 상상법'은 특별한 관심을 끈다. 그는 논문의 주요부분을 **정리**(Theorem)와 **따름정리**(Corollary)로 요약하였는데, 그중 하나를 여기 소개한다.

> 따름정리 3. 허수는 양수나 음수처럼 실제적인 양이며 평면 상에서 위치만 다르다. 허수는 실수와 수직한 방향에 위치한다.[19]

여기서 우리는 프랑세가 자신의 직관을 그다지 적절치 않은 논리로 포장하기 위해 얼마나 노력했는지를 짐작할 수 있다(세르보어도 이 점을 지적했다). 그러나 프랑세의 논문이 중요하게 여겨지는 이유는 **논리적 구조** 때문이 아니라, 그의 '따름정리'가 상상력이 중요한 도약을 이루었음을 보여 주는 기록이기 때문이다.

프랑세와 아르강이 활발하게 의견을 주고받으면서(제르곤느도 옆에서 한 몫 했다) 복소수에 대한 기하학적 관점을 발전시키고, 세르보어가 '기하학적 해석은 모호한 대수학을 가리는 일종의 **가면**이 아닐까?'라고 의심했던 것은 1813년의 일이었다. 그로부터 1년 후에 코시가 복소평면에서의 경로적분에 관한 논문을 발표하여 기하학적 관점의 유용성을 입증하자 상황은 크게 달라졌다. 코시는 자신의 논문을 통해 복소평면의 기하학이 복소수를 연구하는 데 없어서는 안 될 필수요소임을 입증하였다. 복소수에 관한 대수학이 기하학을 명확하게 설명했던 것처럼, 기하학도 대수학을 확립하는 데 커다란 공헌을 한 셈이다. 그리고 모든 위대한 발견이 그렇듯이 코시의 논문은 종착점이 아니라 새로운 현대수학의 세계로 도약하는 출발점일 뿐이었다.

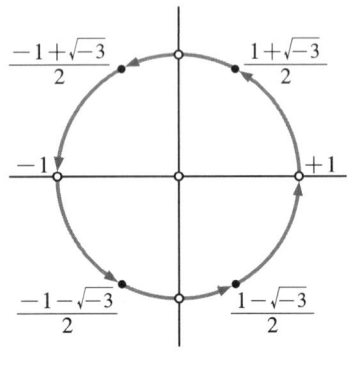

210 허수

기하학을 통한 대수학의 이해

62. 쌍둥이

이제 우리는 복소수를 유클리드 평면 위의 각 지점에 일일이 대응시키는 단계에 이르렀다.

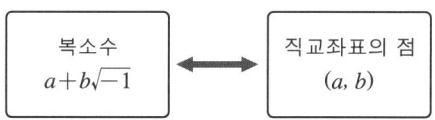

허수의 기본단위 $i=\sqrt{-1}$은 직교좌표에서 점 $(0, 1)$에 대응된다. 즉 i는 원점에서 수직방향으로 1만큼 올라간 지점에 위치한다. 앞에서 우리는 '$\sqrt{-1}$을 곱하는 연산'을 원점을 중심으로 **반시계방향**으로 $90°$만큼 회전시키는 변환으로 해석했다.

그런데 우리는 평면에 표현되는 복소수의 원리를 제대로 이해하고 있는가? 이 점을 확인하기 위해 한 가지 질문을 던져 보자. 만일 i를 $(0, 1)$이 아닌 $(0, -1)$에 대응시킨다면(원점으로부터 아래쪽으로 1만큼 내려간 지점) 무엇이 어떻게 달라질 것인가? 다시 말해서, '$\sqrt{-1}$을 곱하는 연산'을 원점을 중심으로 **시계방향**으로 90° 만큼 회전시키는 변환(또는 반시계방향으로 270°회전시키는 변환) 으로 해석한다면 지금까지 말한 체계에서 어떤 변화가 일어날 것인 가?

결론부터 말하자면 i와 $-i$의 역할이 뒤바뀌는 것을 제외하고 는 아무것도 달라지지 않는다. 다시 말해서 $a+bi$와 $a-bi$의 역할 이 뒤바뀌는 것이다. 여기에는 신기한 거울 원리가 숨어 있다. 사실 대수적으로는 $+\sqrt{-1}$과 $-\sqrt{-1}$을 구별할 방법이 없다. 이들은 모 두 -1의 제곱근이다. 다른 점이라고는 이름이 다르다는 것과 $+\sqrt{-1}$은 원점의 위에, $-\sqrt{-1}$은 원점의 아래에 위치한다는 것뿐이 다. 그러나 이것은 우리가 그렇게 선택했기 때문이며, 정반대로 선 택한다 해도 모든 복소수는 복소평면 위에 아무런 모순 없이 배치될 수 있다. 즉 $+i$와 $-i$는 대수학적 쌍둥이로서 **이름**이 다르다는 것 외에는 다른 점이 없다. 이것은 쌍둥이가 태어났을 때 이름을 다르 게 지어서 구별하는 것과 같은 이치이다.[1]

이 책의 초고를 미리 읽은 한 독자는 다음과 같은 의문을 제기 했다. "$+1$과 -1은 쌍둥이라고 부르지 않으면서 $+i$와 $-i$를 쌍둥 이라고 부르는 이유는 무엇입니까?" 그 이유는 다음과 같다. $+1$ 과 -1은 서로 다른 대수적 특성을 갖고 있지만(예를 들어 $+1$은 제곱을 해도 달라지지 않지만 -1을 제곱하면 값이 달라진다), $+i$ 와 $-i$는 덧셈과 곱셈을 모두 동원해도 구별할 수가 없다. 대수적 방법으로 구별할 수 없다면 이들은 동일한 객체인 것이다.

복소수 $a+bi$와 $a-bi$는 서로 **켤레복소수**(conjugate com

plex number)의 관계에 있다고 말한다. 그리고 하나의 복소수를 자신의 켤레복소수로 바꾸는 변환(허수부의 부호를 바꾸는 변환)은 복소수체계의 기본적 **대칭**(symmetry)이다(대칭이란 어떤 변환에 대하여 계의 특성이 변하지 않는 현상을 통칭하는 용어이다 : 옮긴이). 현대 대수학에는 '내부 거울(internal mirror)'에 의한 이상한 대칭성을 갖는 수체계들이 자주 등장하는데 수학자들은 이들의 특성을 이해하기 위해 지금도 비지땀을 흘리고 있다.

63. 봄벨리의 세제곱근 : 알고리듬에 입각한 달 페로의 공식

복소수 $P = a + bi$가 주어졌을 때 켤레복소수인 $a - bi$는 P의 '대수학적 쌍둥이'이다. 임의의 복소수 P와 그 쌍둥이를 서로 더하면 실수부의 두 배가 된다.

$$\begin{array}{r} a + \sqrt{-1} \cdot b \\ a - \sqrt{-1} \cdot b \\ \hline 2a + \sqrt{-1} \cdot 0 = 2a \end{array}$$

따라서 한 쌍의 켤레복소수를 더한 결과는 항상 실수이다.

이제 봄벨리를 괴롭혔던 달 페로의 공식으로 돌아가 보자.

$$X = \sqrt[3]{\frac{c}{2} + \sqrt{\frac{c^2}{4} - \frac{b^3}{27}}} + \sqrt[3]{\frac{c}{2} - \sqrt{\frac{c^2}{4} - \frac{b^3}{27}}}$$

여기서 X는 3차방정식 $X^3 = bX + c$를 만족하는 해이며, 이미 앞에서 확인했듯이 $c^2/4 - b^3/27 < 0$일 때에는 아주 이상한 형태가 된다. 그리고 바로 이런 경우에 3차방정식은 세 개의 실수해를 갖는다. $c^2/4 - b^3/27 < 0$이면

$$\frac{c}{2} + \sqrt{\frac{c^2}{4} - \frac{b^3}{27}}$$

과

$$\frac{c}{2} - \sqrt{\frac{c^2}{4} - \frac{b^3}{27}}$$

은 한 쌍의 켤레복소수가 된다. 앞으로 이들을 다음과 같이 D와 $\bar{D}$로 표기하자.

$$D = \frac{c}{2} + \sqrt{\frac{c^2}{4} - \frac{b^3}{27}}, \quad \bar{D} = \frac{c}{2} - \sqrt{\frac{c^2}{4} - \frac{b^3}{27}}$$

그러면 방정식의 해 X는 다음과 같이 쓸 수 있다.

$$X = \sqrt[3]{D} + \sqrt[3]{\bar{D}}$$

지금까지 얻은 결과를 종합하면 달 페로가 제시했던 수수께끼 같은 공식의 의미를 이해할 수 있다(이 수수께끼는 43절에서 처음 언급하였다). 어떻게? D와 $\bar{D}$가 서로 켤레복소수인 것처럼, $\sqrt[3]{D}$와 $\sqrt[3]{\bar{D}}$도 서로 켤레복소수의 관계에 있다고 해석하면 된다. 대체 무슨 근거로 이런 주장을 할 수 있을까?

0이 아닌 임의의 복소수는 세 개의 세제곱근을 갖고 있다. 이것

은 앞에서 이미 확인한 사실이다. 따라서 $\sqrt[3]{D}$와 $\sqrt[3]{\overline{D}}$는 각각 세 가지 값을 가질 수 있으며, D의 세 개의 세제곱근은 $\overline{D}$의 세 개의 세제곱근과 켤레복소수의 관계에 있다. 지금 우리는 $X^3 = bX + c$의 해인 $X = \sqrt[3]{D} + \sqrt[3]{\overline{D}}$를 (세 개의) 실수해로 해석하고자 한다. 어떻게 그럴 수 있을까? 유일한 방법은 $\sqrt[3]{D}$와 $\sqrt[3]{\overline{D}}$가 켤레복소수의 관계에 있다고 해석하는 것이다. 그러면 이 절의 서두에서 논했던 것처럼 X는 실수가 될 수 있다(D 또는 $\overline{D}$의 실수부의 두 배).

$\sqrt[3]{D}$가 가질 수 있는 세 개의 값들과 $\sqrt[3]{\overline{D}}$가 가질 수 있는 세 개의 값들이 각각 복소켤레(conjugation)를 이룬다고 해석하면, 이들의 합

$$X = \sqrt[3]{D} + \sqrt[3]{\overline{D}}$$

는 실수가 되고(단, 켤레복소수끼리 더해야 한다) 3차방정식의 해가 세 개라는 사실과도 맞아떨어진다. **그런데 이런 이상한 과정을 거쳐 얻은 세 개의 실수 X가 실제로 방정식 $X^3 = bX + c$의 해일까?**

정말로 그렇다. 그리고 지금 우리는 완전한 증명을 수행할 수 있는 단계에 거의 접근했다. 그러나 자세한 증명은 생략하고(간단한 증명은 후주를 참고할 것)[2] 어떻게 거의 궤변에 가까운 봄벨리의 공식을 방정식의 해를 구하는 알고리듬으로 해석할 수 있었는지 종합해 보자.

복소수 $D = c/2 + \sqrt{c^2/4 - b^3/27}$의 동경을 r, 위상각을 a라 하자. 그러면 D의 세제곱근(P, Q, R이라 하자)은 동경이 $\sqrt[3]{r}$로 모

두 같고, 각각의 위상각은 다음과 같다.

$$\frac{\alpha}{3}, \quad \frac{\alpha}{3} + 120°, \quad \frac{\alpha}{3} + 240°$$

이제 P, Q, R을 복소평면 위에 점으로 표시하고 각 실수부의 두 배를 X라 하자. 그러면 세 가지 값을 갖는 X는 방정식 $X^3 = bX + c$의 해가 된다. 물론 이 알고리듬을 실제로 수행하려면 실수의 세제곱근($\sqrt[3]{r}$)을 계산할 수 있어야 하고, 위상각 α를 3등분할 수 있어야 한다.

이 세상에 공짜는 없다. 3차방정식을 풀려면 각을 3등분할 수 있어야 한다. 자와 컴퍼스만 가지고는 일반적으로 각을 3등분할 수 없다. 그러나 33절에서 언급한 대로 봄벨리는 각을 3등분하는 것과 3차방정식의 해법이 긴밀하게 연결되어 있음을 간파하였고, 비에트는 여기서 한 걸음 더 나아가 일반각을 n등분하는 문제와 n차다항식의 근이 서로 밀접하게 연관되어 있다는 사실을 알아냈다.

비에트는 1593년에 벨기에의 수학자 아드리앤 반 루멘(Adriaen van Roomen)이 제기했던 45차 다항방정식을 풀기 위해 이 아이디어를 이용했다. 당시 이 문제에는 국가의 자존심이 걸려 있었다. 전해지는 말에 의하면, "북해 연안에 있는 조그만 나라의 대사가 앙리 4세 앞에서 프랑스에는 우리나라 사람이 낸 문제를 풀 수 있는 수학자가 없다고 큰소리쳤다"[3]고 한다. 비에트는 원을 45개의 동일한 부채꼴 모양으로 분할하여 루멘이 제기한 다항식의 해를 구함으로써 프랑스의 체면을 살릴 수 있었다.

국가의 자존심 같은 것은 잠시 잊어버리고, 위에서 언급한 알고리듬을 이용하여 다음에 제기되는 두 개의 3차방정식을 풀어 보기 바란다.

첫째, 자신의 세제곱이 자신의 3배에 1을 더한 값과 같은 세 개의 실수를 구하라. 즉 $X^3 = 3X + 1$의 해를 구하라(소수점 이하 5~6번째 자리까지 구해 보라).

제일 먼저 할 일은 D를 구하는 것이다. 그 다음에는 복소평면 위에 D의 세제곱근인 세 개의 복소수 P, Q, R의 위치를 가능한 한 정확하게 표시한다. 각도기와 자를 이용해서 직접 작도할 수도 있고, 다음의 그림을 이용할 수도 있다(더 이상의 힌트가 필요한 사람은 후주에 있는 설명을 읽어 보기 바란다).[4]

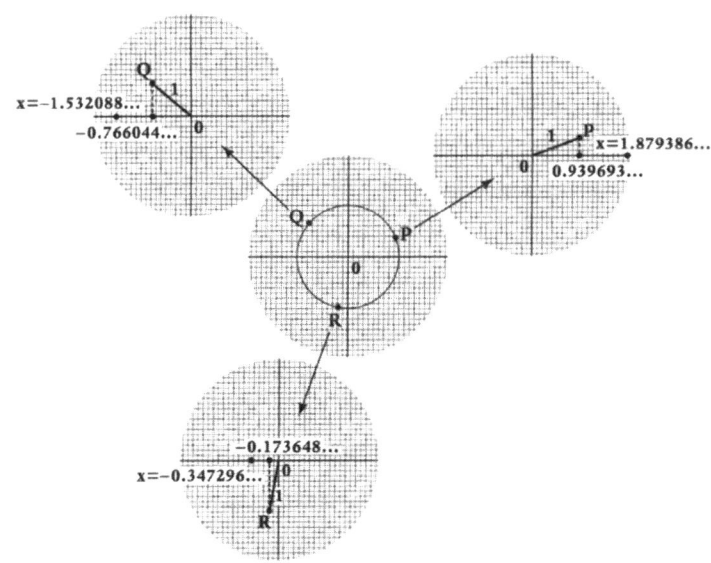

이제 좀 더 쉬운 문제를 풀어 보자. 방정식 $X^3 = 15X + 4$의 세 개의 해를 구하라. "$2+i$의 세제곱은 $2+11i$이다"라는 힌트를 보면 더 쉽게 해결할 수 있을 것이다.

64. 형식과 내용

지금까지 우리는 이 책을 통해 '$\sqrt{-1}$을 상상하는 수학적 과업'을 다양한 각도에서 줄기차게 시도해 왔다. 그리고 이 과업을 시구 "튤립의 노란빛"을 읽는 것과 비교하였다. 그러나 수학적 상상력과 문학적 상상력 사이에서 비슷한 **형식적 구조**를 찾기란 쉽지 않다.

시에서 모든 시구와 행의 발음 패턴과 단어 배열은 형식적 구조와 관련되어 있다. 예를 들어 "튤립의 노란빛(the yellow of the tulip)"에서 yellow의 장단격은 tulip의 장단격과 같으며, 두 단어 모두 중간에 위치한 l 발음을 받침점 삼아 장모음과 단모음이 균형을 이루고 있다. 또한 yellow와 tulip은 강세의 위치가 거의 비슷하여 of를 중심으로 적절한 균형을 이루고 있다. 이 시구를 낭송할 때 강세가 있는 두 음절 중 한쪽을 강하게 발음하면 시구의 의미가 다르게 전달될 것이다.

단어의 발음과 관계된 형식적 구조는 시에서 중요한 요소이다.[5] 시에 선택되는 단어는 작가에 따라 달라지겠지만, 발음과 의미도 중요한 선택기준이 된다. 학자이자 문학평론가인 헬렌 벤들러(Helen Vendler)는 서정시에 대하여 다음과 같이 말했다. "서정시에서 진정한 '배우'는 '드라마틱한 인간'이 아니라 단어이다. 서정시는 새로운 단어나 새로운 배열(문법, 문장구성, 표음 등)을 도입하면서 특유의 드라마를 만들어 간다."[6]

그러나 시구 "튤립의 노란빛"의 형식을 아무리 완벽하게 분석한다 해도 튤립의 생생한 색상과 향기, 그리고 꽃잎의 질감을 포착할 수는 없다. 이 모든 것은 상상된 감각이다. 요컨대 모든 시는 놀라울 만큼 혼란스럽지만, 그 안에는 형식적으로 분석할 수 없는 풍요로움이 담겨 있다. 시의 형식적 구조를 분석하면 시의 본질을 이해할 수 있을지도 모르지만, 그러려면 시가 거쳐 온 길을 거슬러 오르는 여행을 떠나야 한다.

> 엄청난 고통 뒤에, 형식적인 느낌이 따라온다―
> 말초신경은 무덤처럼 판에 박힌 형식을 따른다―[7]

이와 반대로 수학은 덜 혼란스럽고, 대성당처럼 훨씬 더 형식적 구조와 연결되어 있으며, 수정처럼 투명하다. "수학에는 정수(精髓)는 있지만 본질은 없다." 칸트가 남긴 이 수수께끼 같은 말은 여러 가지 의미로 해석될 수 있다. 《판단력 비판(The Critique of Judgement)》[8]에서 실마리를 찾는다면, 수학적 진리는 형식적 성질과 형식적 결과로 둘러싸여 있다는 뜻으로 해석할 수 있다. 그러므로 "수학은 **순수한** 시"라는 칸트의 언명에서 '순수한'이라는 단어에는 중요하면서도 이중적인(내가 보기에는 반어적인) 의미가 담겨 있다고 할 수 있다.

이와 비슷한 맥락에서 "예술의 도덕성은 불완전한 매개체를 완전하게 사용하는 것이다."[9]라는 오스카 와일드(Oscar Wilde)의 주장을 수학에 적용한다면, 아마도 결코 달성되지 않을 수학의 이상은 "완벽한 매개체 안에서 완벽하게 작동하는 것"이라고 할 수 있을 것이다.

65. 그러나…

나는 방금 전에 한 말을 조금도 믿지 않는다. 실제 수학 작업은 완료 시제(時制)나 미완료 시제로 특징지을 수 없다. 수학이 위대한 영예를 누리는 것은 언제나 현재진행형이기 때문이다. 수학은 인류의 가장 오래된 대화 수단들 중 하나이며, 몇몇 문제의 답을 찾았다고 해서 박수를 받으며 퇴장하지 않는다. 수학사의 가장 소중한 해답들은 더 깊은 질문으로 도약하기 위한 발판일 뿐이다. 언젠가 나는 바흐가 이와 비슷하게 작곡했다는 말을 들은 적이 있다. 바흐는 앞으로 나타날 조바꿈을 고려하여 곡의 조(調)를 결정했다고 한다.

이런 사실을 염두에 두고 '글쓰기의 발명가들'에 대한 애쉬베리의 글을 다시 살펴보자.

> 무슨 목적이었는지 그들은 너무나 효과적으로 음영을 넣어, 그 아래에 있던 빛나는 표면을 여전히 빛나면서도 너무나 변화무쌍하고 너무나 생기발랄한 것, 마치 유사(流沙)와 같은 것으로 탈바꿈시켜서 거기에 발을 내딛으면 찢어지기 쉬운 불확실성의 그물을 지나 확실성의 수렁에 빠지게 될 것이다….

내가 보기에 이 글은 읽는 행위에 대한 탁월한 묘사이다. 애쉬베리는 작가나 필경사가 종이 위에 흔적을 남기면서 휘갈겨 쓰는 행위를 "음영(陰影)을 넣는다"고 표현했다. 음영을 넣는 것과 가장 직접적으로 연관된 시각적 이미지는 아마도 격자 모양의 **그물**을 끌어당기는 행위일 것이다. 실제로 애쉬베리의 글에는 "찢어지기 쉬운 그물"이라는 표현이 등장하는데, 그물 이미지는 무언가를 연상시키는 매개체의 원천이자 동시에 풍요로운 연상을 다소 비효과적으로 방해하는 흥미로운 역할을 한다. 결국 그물은 무언가를 획득하고 저장하는 수단인 것이다.

그러나 일단 상상력으로 가득 찬 글을 읽었다면, 우리는 이미 애쉬베리가 말한 위험한 발걸음을 내딛은 셈이다. 읽은 것을 상상할 때, 우리는 연상된 이미지들이 우리가 이해했다고 느끼는 무언가로 안착되기 전까지는, 즉 "확실성의 수렁"에 빠지기 전까지는 그 이미지들의 "찢어지기 쉬운 그물"에 의존한다.

수학은 연상과 놀라움으로 가득 차 있다. 3차방정식의 일반해로서 달 페로의 공식을 유도하고 이해했다면, 그리고 4차방정식의 일반해까지 구하는 데 성공했다면, 여기서 한 걸음 더 나아가 임의의 지수를 갖는 방정식의 일반해를 구하는 작업에도 도전할 수 있을 것이다. 그런데 여기에는 한 가지 놀라운 사실이 숨어 있다. 일반적인 방정식의 일반해를 구하는 방법은 존재하지 않으며, 더구나 이것은 수학적인 논리로 증명될 수 있다(5차방정식의 일반해조차 구할 수 없다). 공식을 유도하는 것과 공식이 **존재하지 않음**을 증명하는 것은 전혀 다른 일이다. 이 작업은 19세기가 시작될 무렵에 이탈리아의 수학자 파올로 루피니(Paolo Ruffini)가 처음으로 시도하였고, 노르웨이의 수학자 아벨(N. H. Abel)이 그 뒤를 이었다. 일반해의 부재(不在)를 증명하려면 새로운 유형의 수학적 상상력을 동원해야 한다. 이것 역시 흥미로운 주제이긴 하지만 자세히 다루려면 또 한 권의 책을 써야할 것 같다.

부록
2차방정식의 근의 공식

2차방정식

$$X^2 + bX + c = 0$$

의 해법은 흔히 **제곱 완성하기**라고 불린다. 이 방정식을 만족하는 해는 일반적으로 두 개가 있다. 지금부터 그 해를 재미 삼아 유도해 보자. 중학교 때 배웠던 약간의 수학지식만 떠올리면 된다.

방법은 간단하다. 일단 이 방정식을 만족하는 해 X가 존재한다고 가정하고, 방정식의 해가 되기 위해 X가 만족해야 할 조건을 부가하면 된다. 그리고 이렇게 구한 X가 원래의 방정식을 만족한다는 것을 보이면 모든 유도과정은 끝난다. 고전 문헌에서는 처음 과정을 **분석**이라 하고 마지막 과정을 **종합**이라고 하는데, 지금의 경우처럼 **종합**이 **분석**의 타당성을 입증하는 도구로 사용되는 경우가 종종 있다. 그러면 지금부터 분석을 시작해 보자.

우선 위의 방정식에서 X를 $Y - b/2$로 대치해 보자(Y가 구해지면 X는 자동적으로 구해진다). 이 방정식의 해법을 '제곱 완성하기'라고 부르는 이유가 곧 분명해질 것이다.

방금 말한 대로 X를 치환하여 방정식에 대입한 결과는 다음과 같다.

$$\left(Y - \frac{b}{2}\right)^2 + b\left(Y - \frac{b}{2}\right) + c = 0$$

이 식을 전개하면

$$\left(Y^2 - bY + \frac{b^2}{4}\right) + \left(bY - \frac{b^2}{2}\right) + c = 0$$

가 되는데, bY가 들어 있는 항은 서로 상쇄되므로 Y^2을 상수 b와 c로 표현할 수 있다.

$$Y^2 = \frac{b^2}{4} - c = \frac{b^2 - 4c}{4}$$

미지수 X로 표현되었던 원래의 복잡한 방정식을 새로운 미지수 Y로 다시 표현했더니 '제곱항(Y^2)'만 포함된 간단한 형태로 변했다. 즉 '제곱의 형태로 표현하기'가 완성된 것이다. 그러므로

$$Y = \frac{\sqrt{b^2 - 4c}}{2} \quad \text{또는} \quad Y = -\frac{\sqrt{b^2 - 4c}}{2}$$

이며, 이로부터 X를 구하면 주어진 방정식에 대한 근의 공식이 다음과 같이 완성된다.

$$X = -\frac{b}{2} + \frac{\sqrt{b^2 - 4c}}{2} = \frac{-b + \sqrt{b^2 - 4c}}{2}$$

$$X = -\frac{b}{2} - \frac{\sqrt{b^2 - 4c}}{2} = \frac{-b - \sqrt{b^2 - 4c}}{2}$$

후주

서문

1. Karen Wynn, "Addition and Subtraction by Human Infants," *Nature* (1992) 358: 749~750 참조.
2. 일레인 스캐리는 수필 "Imagining Flowers: Perceptual Mimesis (Particularly Delphinium)"에서 이것이 매우 어렵거나 불가능하다고 했다. 이 수필은 *Dreaming by the Book* (Farrar, Straus and Giroux, 2000), pp. 40~74에 수록되어 있다.

제1부

1장 상상력과 제곱근

1. 이 사실을 내게 일깨워 준 David Gewanter에게 감사드린다.
2. Scarry, *Dreaming by the Book*, p. 42.
3. 존 애쉬베리의 산문시 "Whatever It Is, Wherever You Are,"

in *A Wave: Poems by John Ashbery* (Noonday Press/ Farrar, Straus and Giroux, 1985), pp. 63~65에서 인용.

4. 릴케가 자신의 시를 폴란드어로 번역한 Witold von Hulewicz에게 보낸 편지. Rainer Maria Rilke, *Duino Elegies*, trans. B. Leishman and S. Spender, 4th ed., rev. (Hogarth Press, 1963), p. 157에서 인용. 번역본의 내용은 다음과 같다. "우리는 일시적이고 덧없는 삶을 우리의 내면 아주 깊숙한 곳에 고통스럽게 각인시켜야 한다. 그러면 삶은 우리 안에서 '보이지 않는' 형태로 소생할 것이다. 우리는 보이지 않는 벌이다."

5. 이 내용은 미국 공영방송 NPR에서 방영된 요요마와의 인터뷰에서 인용한 것인데, 내 기억이 맞는지는 분명치 않다.

6. 릴케가 자신의 부인에게 보낸 편지, *Letters of Rainer Maria Rilke*, trans. Jane Bannard Greene and M. D. Herter Norton (Norton, 1945), p. 286에서 인용.

7. Plato, *Complete Works*, ed. J. M. Cooper, (Hackett, 1997), pp. 870~897 참조.

8. 미적분학을 공부한 사람들은 음의 넓이를 계산하는 적분법을 알고 있을 것이다. 그러나 이것은 지금 우리가 말하고 있는 화두, 즉 '음의 넓이를 갖는 정사각형'과 아무런 관련이 없다. 적분에서 도형의 넓이가 음수로 나오는 것은 그 도형이 수평축보다 아래에 위치하고 있기 때문이다. 도형이 수평축에 걸쳐 있는 경우, 적분값(도형의 넓이)의 부호는 위쪽과 아래쪽의 넓이 비율에 따라 달라진다.

9. 만일 당신이 작은 수들을 서로 곱할 수 있다면, 그리고 간단한 대수에서 숫자들을 대입한 후 그 결과를 편안한 마음으로 바라 볼 수 있다면, 이 책을 읽으면서 수학 때문에 고생하는 일은 없을 것이다. 아래에 간단한 예를 제시했다.

(1) **곱셈**. 45에 23을 곱하는 연산은 다음과 같은 과정을 거쳐 이루어진다.

$$\begin{array}{r} 45 \\ \times\ 23 \\ \hline 135 \\ +\ 90 \\ \hline 1035 \end{array}$$

여기서 중간단계에 등장하는 135와 90의 의미를 생각해 보자. 이 계산을 수행하면서 우리는 암묵적으로 23을 '2개의 10과 3개의 1'(23 = 20 + 3)이라는 두 가지 요소로 나눈다. 그러므로 45에 23을 곱할 때에도 '3 × 45'(결과는 135이다)와 '20 × 45'(결과는 900이지만 위의 계산에서는 10이 90개 있음을 의미하는 90으로 표기되어 있다)로 나누어 수행한다. 이 둘을 더하면 답을 구할 수 있다.

$$(20 + 3) \times 45 = 20 \times 45 + 3 \times 45$$

이런 형태의 식은 앞으로 자주 보게 될 것이다.

(2) **대입**. 대수학에서는 미지수에 어떤 값을 대입하는 경우가 종종 있다. 예를 들어 $X^2 - 2X + 1$이라는 식에서 미지수 X에

$X=1$, $X=2$, $X=3$, $X=4$를 각각 대입하면 다음과 같은 결과가 얻어진다.

$$1^2 - 2 \times 1 + 1 = 0$$
$$2^2 - 2 \times 2 + 1 = 1$$
$$3^2 - 2 \times 3 + 1 = 4$$
$$4^2 - 2 \times 4 + 1 = 9$$

독자들은 여기서 어떤 규칙을 찾을 수 있겠는가? $X^2 - 2X + 1$은 X보다 1 작은 수를 제곱한 값과 같다. 즉 $X^2 - 2X + 1 = (X-1)^2$이다.

(3) **편안한 마음**. 지금 당장 본문 125쪽에 나와 있는 달 페로의 공식을 바라보라. 이 식을 보면서 머리가 혼란스러워진다 해도 걱정할 것 없다. 16세기의 대수학자들도 사정은 마찬가지였다. 우리는 달 페로의 공식을 수학적으로 해석하여 적절한 곳에 응용할 것이다.

10. Dennis Sullivan, "The Density at Infinity of a Discrete Group of Hyperbolic Motions," *Publications Mathématiques de l'IHES* (1979) 50: 419~450.

11. Paul Scott, *The Jewel in the Crown* (William Morrow, 1966). 이 책은 스콧이 집필한 *The Raj Quartet* 시리즈의 첫 번째 책이다.

12. Eva Brann, *The World of the Imagination—Sum and Substance* (Rowman & Littlefield, 1991).

13. Quintilian, *Institutio Oratoria*, vol. 6, p. 2; trans. in Brann, *World of Imagination*, p. 21.

14. 제러미 벤담의 *Essay on Logic*에 대해서는 브란의 *World of Imagination*, p. 23 참조.

15. 워즈워스의 친구인 Henry Crabb Robinson의 증언에서 발췌. 자세한 내용은 Mary Warnock, *Imagination* (Univ. of California Press, 1976), p. 114 참조.

16. Brann, *World of Imagination*, p. 23 참조.

17. 이 내용은 콜리지의 *Biographia Literaria*의 제1권인 *Selected Poetry and Prose*, ed. S. Potter (Nonesuch, 1971), chapter 13, p. 246에 수록되어 있다.

18. Alexander Stille, "The Betrayal of History," *New York Review of Books*, June 1998.

19. Ashbery, "Whatever It Is."

20. Elaine Scarry, *Dreaming by the Book*, p. 42.

21. 이 제곱근은 다음 문제의 해답이다: 세 변의 길이가 각각 $X-1$, X, $X+1$인 삼각형의 넓이가 3일 때, X의 값은 얼마인가? 이 문제는 카르다노의 *Artis Magnae Sive de Regulis Algebraicis*에 나온다(초판은 1545년에 발행). 이 책에서 인용한 카르다노의 글은 모두 T. Richard Witmer가 편집하고 번역한 *Cardano: The Great Art* (MIT Press, 1968)에서 인용한 것이다(앞으로는 *Ars Magna*로 표기한다). 위의 문제는 *Ars Magna*의 p. 193에 해답과 함께 수록되어 있다.

22. 이 문제는 *Ars Magna*의 pp. 44~45에 나오는 VII번 문제이다. 카르다노는 이 문제를 2차방정식으로 바꾸어 해결하였다. 그가 제시한 답에 의하면 100아우레우스로 기마병 7명 또는 보병 25명을 고용할 수 있다.

23. H. T. Colebrooke, *Algebra With Arithmetic and Mensuration from the Sanscrit of Brahmegupta and Bháscara* (John Murray, 1817), p. 211 참조. 바스카라의 원문을 현대수학 언어로 번역하는 데 도움을 준 Manjul Bhargava에게 감사드린다. 벌떼의 수를 n이라 하면 $n = \sqrt{n/2} + 8n/9 + 2$가 되고, n을 이항시킨 후 인수분해하면 $(n-72)(2n-9) = 0$을 얻는다. 그런데 벌의 수는 반드시 정수여야 하므로 답은 72마리이다.

24. Rafael Bombelli, *L'Algebra, prima edizione integrale*, ed. E. Bortolotti and U. Forti (Feltrinelli, 1969) 참조.

25. 슈케의 문제는 F. Cajori, *A History of Mathematical Notations* (Open Court Publ., 1929), vol. 2, p. 126, para. 495에 소개되어 있다. 2차방정식의 일반적인 해법은 2장에서 다룰 예정이다. 이 부분을 읽고 나면 슈케가 어떻게 이런 "불가능한" 답을 얻었는지 이해할 수 있을 것이다.

26. $3/2 + \sqrt{-7/4}$을 제곱(일반적인 대수법칙을 따라 자기 자신을 두 번 곱하는 연산)하면 다음과 같이 네 개의 항이 나타난다.

$$\left(\frac{3}{2} + \sqrt{\frac{-7}{4}}\right) \times \left(\frac{3}{2} + \sqrt{\frac{-7}{4}}\right)$$

$$= \frac{9}{4} + \frac{3}{2} \times \sqrt{\frac{-7}{4}} + \frac{3}{2} \times \sqrt{\frac{-7}{4}} + \frac{-7}{4}$$

이 식을 정리하면 $1/2 + 3\sqrt{-7/4}$이 되고, 여기에 다시 4를 더하면 $9/2 + 3\sqrt{-7/4}$이 되어, 원래의 수 $3/2 + \sqrt{-7/4}$의 세 배임을 알 수 있다. 이 과정에는 대수학의 분배법칙

$$(a+b)(c+d) = ac + ad + bc + bd$$

가 사용되었다. 대수법칙의 자세한 내용은 2장에서 다시 다룰 것이다.

27. *The Riverside Chaucer*, ed. Larry D. Benson (Houghton Mifflin, 1987), p. 135.
28. 푸앵카레의 추측은 흔히 '고무판 기하학'에 비유되는 위상수학(topology)에서 제기된 가설이다. 위상수학의 관점에서 볼 때, 하나의 도형을 고무판 다루듯이 구부리고 비틀어서(단, 찢어서는 안 된다) 다른 도형을 만들었다면, 이들 두 개의 도형은 동일한 도형으로 간주된다(그러므로 위상수학에서 육면체와 구는 같은 도형이며 커피잔과 도넛도 같은 도형이라고 할 수 있다: 옮긴이). 푸앵카레의 추측은 유클리드 3차원 공간의 특성에 관한 가설로서 그 내용은 다음과 같다: 아래의 세 가지 조건을 만족하는 모든 '공간' X는 위상학적으로 유클리드 3차원 공간과 동일하다. (1) X는 국소적으로 유클리드적이다. 즉 X의 내부에 있는 모든 점은 유클리드 3차원 공간 안에 있는 한 점의 근방과 위상학적으로 동일한 근방을 갖는다. (2) X는 원거리에서

도 유클리드적이다. 즉 X의 내부에는 한 점으로부터 충분히 먼 거리에 있는 모든 점을 포함하는 영역이 존재하며, 이 영역은 유클리드 3차원 공간 안에서 이와 동일한 성질을 갖는(한 점으로부터 충분히 멀리 떨어져 있는 모든 점을 포함하는) 영역과 위상학적으로 동일하다. (3) 전체 공간 X는 X를 이탈하지 않은 채 내부에 있는 하나의 점을 향해 연속적으로 수축될 수 있다(빅뱅(Big Bang)의 역과정과 비슷하다).

2장 제곱근과 상상력

1. $\sqrt{2}$가 분수로 표현될 수 없다는 것은 본문에 소개된 증명 이외에 다른 방법으로 증명할 수도 있다. 이 증명의 역사에 관심 있는 독자는 David Fowler, *The Mathematics of Plato's Academy* (Clarendon Press, 1987), pp. 1~30 참조.
2. Ibid., p. 73.
3. $X^2 - 3X + 4$는 2차다항식(quadratic polynomial, 줄여서 '2차식'이라고도 함)의 한 예이며(여기서 X는 미지수이다), 다른 예로는 $(5/2)X^2 + (0.99)X - 1$ 등을 들 수 있다. 일반적으로 2차식은 세 개의 항으로 이루어져 있는데, X^2이 들어 있는 항을 2차항이라 하고(위의 예에서 X^2과 $(5/2)X^2$이 여기에 해당한다) X가 들어 있는 항을 1차항(위의 예에서 $-3X$와 $(0.99)X$), 그리고 X가 들어 있지 않은 항을 상수항(위의 예에서 $+4$와 -1)이라 한다. 가장 일반적인 형태로는 $aX^2 + bX + c$로 표현되며, 여기서 상수 a, b, c를 2차식의 '계수(coefficient)'

라 한다. a, b, c의 값을 변화시키면 다양한 2차식을 만들어 낼 수 있다. 단 2차식이 되려면 $a \neq 0$이어야 한다(2차항이 없어지면 1차식이 되기 때문이다). 2차식이란, 식을 이루는 여러 항들 중에서 미지수 X의 지수가 가장 큰 항이 제곱항인 식을 말한다(라틴어 *quadratum*은 영어의 square에 해당한다). 앞으로 우리는 $X^3 + 2X^2 + 3X + 4$와 같은 3차다항식(cubic polynomial)도 다룰 것이다(X의 가장 큰 지수가 3이기 때문에 'cubic'이라 한다). 식의 전체 값을 0으로 만드는 X를 다항식의 근이라 한다. 예를 들어 $X^3 + 2X^2 + 3X + 4$의 근을 ν라 하면, 이는 곧 $\nu^3 + 2\nu^2 + 3\nu + 4 = 0$이라는 뜻이다.

4. Virginia Woolf, *To the Lighthouse* (Harvest, 1955), pp. 53~54.

5. Colebrooke, *Algebra*, p. 135.

6. Isaac Newton, *Universal Arithmetick*, trans. Ralphson, 2d ed. (Senex-Innys, 1728), p. 197. 뉴턴은 이 책을 라틴어로 집필했다.

7. 이 인용문은 카르다노의 저서 *Liber de Ludo Aleae*, trans. G. Gammbacorta (Univ. of Pavia Press, 2002)에 실린 다이어코니스의 소개글에서 인용한 것이다. 다음의 책들도 참조하라. Oystein Ore, *Cardano, The Gambling Scholar* (Dover, 1965), Anthony Grafton, *Cardano's Cosmos: The World and Works of a Renaissance Astrologer* (Harvard Univ. Press, 1999).

8. *Ars Magna*, pp. 1, 8.

9. 이에 관한 자세한 논의는 Fowler, *Mathematics of Plato's Academy*, pp. 3~8 참조.

10. Moses Maimonides, *The Guide of the Perplexed*, trans. Shlomo Pines (Univ. of Chicago Press, 1963), vol. 1, p. 6.

11. *Ars Magna*, p. 220의 각주 참조.

12. *Ars Magna*, p. 219.

13. Ibid., p. 219, 각주. 또한 V. Sanford가 번역한 D. E. Smith, *A Source Book in Mathematics* (Dover, 1984), vol. 1, p. 202 참조.

14. Bombelli, *L'Algebra*.

15. 봄벨리는 *più di meno*를 줄여서 p.d.m으로 표기하였다. 이 표기법을 따르면 −2는 p.d.m.2가 된다. 더 자세한 내용을 알고 싶은 독자는 Federica La Nave and Barry Mazur, "Reading Bombelli," *Mathematical Intelligencer*, Jan. 2002, pp. 12~20 참조.

3장 숫자 들여다보기

1. Ludwig Wittgenstein, *Philosophical Investigations*, trans. G.E.M. Anscombe, 3d ed. (Macmillan, 1968), para. 106.

2. Brann, *World of the Imagination*, pp. 3, 32.

3. 상상력에 대한 스토아학파의 관점은 브란의 책 pp. 46~48과 Sextus Empricus의 Vol. II, *Against the Logicians* (vol. 2

in Loeb Classical Library), trans. R. G. Bury (Harvard Univ. Press, 1935), pp. 122~141과 pp. 196~207에 잘 설명되어 있다. 그리고 이븐 알 아라비에 대해서는 William Chittick, *Ibn al-'Arabi's Metaphysics of Imagination: The Sufi Path of Knowledge* (State Univ. of New York Press, 1989), p. 16 참조. 아라비의 *Futūhāt*를 책으로 출판하면 무려 17,000쪽에 달한다.

4. W. B. Yeats, "Adam's Curse," in *The Collected Poems of W. B. Yeats* (Scribner, 1996), p. 80.

5. John Livingston Lowes, *The Road to Xanadu* (Houghton Mifflin, 1930).

6. S. T. Coleridge, *Selected Poetry and Prose* (Nonesuch Press, 1971), p. 93.

7. Paula Panich와의 사적인 대화에서 인용.

8. Rainer Maria Rilke, *Letters to a Young Poet*, trans. Stephen Mitchell (Random House, 1987), pp. 23~25.

9. *Comptes Rendus Acad. Sci.* 11 (1847): 1120에 실린 코시의 논문 참조.

10. Augustus De Morgan, *Trigonometry and Double Algbra* (London, 1849), p. 41. 또한 Cajori, *History of Mathematical Notations*, pp. 130~131, para. 501 참조.

11. Stendhal, *The Life of Henry Brulard*, trans. Jean Stewart and B.C.J.G. Knight (Merlin Press, 1958), chap.

33. 본문의 인용문은 이 책 257, 258, 260쪽에서 발췌하였다. 또한 John Sturrock가 번역한 *Stendhal: The Life of Henry Brulard* (Penguin, 1995), pp. 355~358도 함께 참조.

12. Anna Pavord, *The Tulip, The Story of a Flower That Made Men Mad* (Bloomsbury, 1999), p. 27에서 인용. 튤립의 역사에 관한 책으로는 Mike Dash, *Tulipomania* (Random House, 1999) 참조.

13. Dash, *Tulipomania*, p. 7.

14. Pavord, *Tulip*, chap. 1(특히 p. 35); Dash, *Tulipomania*, p. 19 참조.

15. Dash, *Tulipomania*, p. 20.

16. Pavord, *Tulip*, p. 43.

17. Dash, *Tulipomania*, p. 10; Pavord, *Tulip*, p. 33.

18. 루퍼트 브룩의 시 "The Old Vicarage, Grantchester"에서 인용.

19. 여기에는 한 가지 예외가 있다. 랭보는 알파벳 모음 E에 흰색을 대응시켰지만, 프랑스어 입문서에는 E가 노란색으로 인쇄되어 있었다. 이 점에 관해서는 Enid Starkie, *Arthur Rimbaud* (Greenwood Press, 1978), p. 165 참조.

20. P. H. Sydenham, *Measuring Instruments: Tools of Knowledge and Control* (Peter Peregrinus, 1979)에는 계측기구들이 그림과 함께 소개되어 있다.

21. Colebrooke, p. 132.

22. Barbara Tversky, "Cognitive Origins of Graphic Productions," chap. 4 in *Understanding Images*, ed. F. T. Marchese (Springer-Verlag, 1995), pp. 29~53. 이 문제와 관련된 트베르스키의 또 다른 글로는 *Spatial Schemas and Abstract Thought*, ed. M. Gattis (MIT Press, 1979)에 수록된 "Spatial Schemas in Depictions"가 있다.

23. Mark Johnson and George Lakoff, *Metaphors We Live By* (Univ. of Chicago Press, 1980)에서 인용. 이 문제에 관하여 내게 조언을 해 준 조지 라코프와 바바라 트베르스키에게 고마움을 전한다.

24. 존 네이피어는 로그를 처음 발견했다. Ivor Grattan-Guinness, *The Norton History of the Mathematical Sciences* (Norton, 1997), p. 218 참조.

25. 여기서 말하는 내 친구란 로버트 카플란(Robert Kaplan)과 그의 부인 엘렌 카플란(Ellen Kaplan)이다. 이들 부부는 보스턴 지역에서 수학서클을 운영하고 있다.

26. 최근에 출간된 번역본으로는 E. Brann과 P. Kalkavage, 그리고 E. Salem이 공역한 *Plato's Sophist* (Focus Philosophical Library, 1996)가 있다.

27. 이 점에 관해서는 유클리드의 *Elements* 제5권에 나오는 다섯 번째 정의를 보라. 히스(T. L. Heath)가 번역하고 주석을 달아놓은 *Euclid's Elements* (Dover, 1956), vol. 2, pp. 120~126도 좋은 참고가 될 것이다. 히스는 이 정의를 내린 사람이 에우

독소스(Eudoxos)일 가능성을 조심스럽게 제시하고 있다.
28. 6절에 등장했던 식

$$1+\cfrac{1}{2+\cfrac{1}{2+\cfrac{1}{2+\cdots}}}$$

을 적당한 곳에서 자르면 $\sqrt{2}$의 상한과 하한을 다음과 같이 줄여 나갈 수 있다:

$$1 < \sqrt{2}$$

$$1 + \frac{1}{2} = \frac{3}{2} > \sqrt{2}$$

$$1 + \cfrac{1}{2+\cfrac{1}{2}} = \frac{7}{5} < \sqrt{2}$$

이런 방식으로 실수를 정의하는 고대 수학자들의 방법에 대하여 더욱 자세히 알고 싶은 독자는 Fowler, *Mathematics of Plato's Academy* (Clarendon Press, 1987) 참조.

29. 이 내용에 관하여 지나치게 전문적이지 않으면서 유용한 참고서적으로는 Tobias Dantzig, "The Art of Becoming," chap. 8 in *Number: The Language of Science* (Free Press, 1954), pp. 139~163 참조.

4장 허락과 법칙

1. 내 기억에 의하면 이것은 몇 년 전에 가브리엘 가르시아 마르케스가 라디오에 출연하여 사회자와 나눴던 대화 중 일부이다. 오래 전의 일이라 인터뷰의 모든 내용을 기억할 순 없지만, 마르케스는 카프카의 《변신》에 대하여 여러 차례 언급하였다. 한 기사에서 그는 "카프카는 마치 할머니가 말하는 것처럼 글을 쓴다. 나는 왜 그렇게 써도 된다는 걸 몰랐을까?"라고 말했다. 그러나 마르케스는 "항상 느낀 대로 글을 쓸 수는 없다. 반드시 지켜야 할 규칙이 있기 때문이다"라고 말하기도 했다. 이 기사 전문은 Plinio Mendoza, *El Olor de la Guayaba: Conversaciones con Gabriel García Márquez* (Diana, 1982)에 실려 있다.

2. *Ars Magna*, p. 9.

3. 디오판토스는 3세기에 살았던 것으로 추정된다. O. Neugebauer, *The Exact Sciences in Antiquity* (Princeton Univ. Press, 1952) 참조.

4. *Ars Magna*, p. 9.

5. 아쉽게도 나는 산스크리트어를 모르기 때문에 영문 번역본을 참고하였다.

6. 이 문제를 현대수학의 언어로 재서술하면 방정식 $10\sqrt{n} + n/8 + 6 = n$의 해를 구하는 것과 같다. 이 식을 정리하여 인수분해하면 $(n-144)(49n-16) = 0$이 되고, 거위의 수는 반드시 양의 정수여야 하므로 답은 144마리이다.

7. 비에트의 《해석학 입문(*In Artem Analyticem Isagoge*)》은 당대에 알려져 있던 대수학을 상세하고 체계적으로 서술한 책이다. 비에트의 저술을 알고 싶은 독자는 J. Klein, *Greek Mathematical Thought and the Origin of Algebra*, trans. E. Brann (MIT Press, 1968), pp. 151~153을 보라. 《해석학 입문》의 영어 번역본으로는 Klein, *Greek Mathematical Thought*, pp. 315~353을 보라. 비에트의 또 다른 저서인 *The Analytic Art*, trans. T. Richard Witmer (Kent State Univ. Press, 1983)도 참조.

8. *The Analytic Art*, p. 26.

9. Ibid.

10. 현대의 대수학자들은 이런 주장을 하지 않는다. 양변을 0으로 나누면 엉뚱한 결과가 얻어지기 때문이다. 그러나 비에트는 미지수가 0인 경우를 아예 고려하지 않았으므로 그의 주장이 틀렸다고 할 수는 없다.

11. 이 문장의 원문은 다음과 같다. "fastuosum problema problematum ars Analytice⋯ iure sibi adrogat, Quod est, NULLUM NON PROBLEMA SOLVERA."

12. 피히테의 글은 David Lachterman, *The Ethics of Geometry* (Routledge, 1989), p. 17에서 인용했다. 원문 출처는 "Über das Verhältnis der Logik zur Philosophie oder transcendentale Logik," in *Nachgelassene Schriften*, Bd. 9, pp. 42~43.

13. 분배(distributive)라는 용어는 1814년에 *Annals des*

*Mathématiques*에 발표된 세르보어의 논문에서 처음으로 사용되었다.

14. 이것은 유클리드의 첫 번째 공리를 Proclus, *Commentaries on Euclid*에 나오는 현대식 언어로 재서술한 것이다. Thomas Taylor, *The Philosophical and Mathematical Commentary of Proclus on the First Book of Euclid's Elements* (T. Paine & Sons, B. White & Sons, J. Robson, T. Cadell, Leight & Co., G. Nichol, R. Foulder, T. & J. Eggerton, 1792), vol. 2, pp. 6~8 참조.

15. Ernst Mach, *The Science of Mechanics*, trans. T. J. McCormack (Dover, 1984).

16. 시 "Elegy"는 1970년에 출간된 머윈의 *The Carrier of Ladders*에 처음 수록되었으며, 후에 *The Second Four Books of Poems* (Copper Canyon Press, 1993)라는 제목으로 재출간된 책의 p. 226에 실려 있다.

5장 간결한 표현

1. René Descartes, "Discours de la Méthode," 2d part, in *Oeuvres philosophiques* (1618~1637), Tome 1 (Garnier Frères, 1963), p. 589.

2. Marshall Clagett, *Nicole Oresme and the Medieval Geometry of Qualities and Motions* (Univ. of Wisconsin Press, 1968), pp. 165~168에서 인용.

3. S. J. Gould, *The Mismeasure of Man* (Norton, 1981); P. B. Medawar, "Unnatural Science," *New York Review of Books*, Feb. 1977, pp. 13~18 참조.

4. Jorge Luis Borges, "The Metaphor," in *This Craft of Verse* (Harvard Univ. Press, 2000), pp. 21~42.

5. Coleman Barks가 번역한 *The Essential Rumi* (Harper-Collins, 1996), p. 272에서 인용.

6. Robert Herrick, "A Meditation for His Mistress"에서 인용.

7. Chase Twichell, "Tulip," in *The Snow Watcher* (Ontario Review Press, 1998).

6장 법칙 정당화하기

1. 내 친구 한 명은 어린 학생들에게 교환가능(commutativity)을 가르칠 때 이 예제를 이용한다고 한다.

2. Herman Melville, *Moby Dick* (Penguin, 1985), p. 144.

3. '굼벵이 접근법(Creeping strategy)'은 내가 만들어 낸 신조어이며, 일반적으로는 '(수학적) 귀납법에 의한 정의'라고 불린다.

4. 인지과학의 관점에서 본 산술법칙의 특성에 관해서는 George Lakoff and Rafael Núñez, "Where Do Laws of Arithmetic Come From?" (chap. 4 in *Where Mathematics Comes From* [Basic Books, 2000]) 참조.

제 2부

7장 봄벨리의 수수께끼

1. *Ars Magna*, chap. 11, p. 96.

2. 다항식 $X^3 - 6X - 40$의 근(root)은 $X = 4$이므로, 이 식은 $(X-4)$를 인수로 갖는다. 따라서 $X^3 - 6X - 40 = (X-4)(X^2 + 4X + 10)$이며, 나머지 두 개의 근은 2차식 $X^2 + 4X + 10$의 근이다.

3. 이 문제를 푸는 데 필요한 공식은 33절에서 소개할 예정이다. 유일한 실수해의 소수점 아래 25자리까지의 값은 $X = 1.3247179572447460259660908\cdots$이다.

4. *Ars Magna*의 서문(pp. vii~xiii)에 실린 오레의 설명 참조.

5. Ibid., pp. xx~xxi. 독자들은 피오레가 어떻게 타르탈리아에게 굴욕적인 패배를 당했고, 타르탈리아는 그 비밀스러운 해법을 어떻게 찾아낼 수 있었는지 궁금할 것이다. 다양한 형태의 3차방정식과 그 해법은 이 책의 후반부에서 다룰 예정이다. 3차방정식은 실수해의 개수에 따라 구분될 수 있는데, 피오레와 타르탈리아가 경합을 벌일 때 그들은 3차방정식 중 실수해가 단 하나뿐인 경우의 해법만을 알고 있었다. 그러나 그들의 경합을 이런 문제로 한정한다 해도 결코 평범한 형태로 출제되지는 않았을 것이다. 당시만 해도 음수는 정상적인 해로 간주되지 않았기 때문에 방정식의 모든 항을 등호의 한쪽에 모아 놓고 다른 쪽

에 0을 써 놓는 것은 흔히 사용하는 형태가 아니었다. 그리고 누락된 항(X^3, X^2, X 중 방정식에 없는 항)을 '계수가 0인 항'으로 간주하는 것도 한참 후의 추세였으므로, 당시의 3차방정식은 13가지 종류로 분류되었고 해법도 13가지나 되었으며, 모든 3차방정식에 일률적으로 적용되는 해법은 없었다. 아마도 피오레는 타르탈리아가 제시한 문제를 풀면서 적절한 해법을 찾느라 혼란스러웠을 것이다.

6. *Ars Magna*, p. x.
7. Ibid., p. xi.
8. 카르다노는 알콰리즈미에게 경의를 표하며 《위대한 술법》의 제1장을 시작한다. "이 방법은 아랍인 모지즈(Moses)의 아들인 마호메트(Mahomet)가 창안한 것이다."(p. 7). 이와는 대조적으로 봄벨리는 《대수학》의 서문에서(p. 8) 알콰리즈미를 "큰 가치는 없는 소소한 업적을 남긴 사람"으로 서술하였다. 봄벨리의 이런 거만한 태도는 자신이 안토니오 마리아 파찌(Antonio Maria Pazzi)와 함께 디오판토스의 책 일곱 권을 발견한 장본인이라는 자부심에서 비롯되었을 것이다. 봄벨리와 파찌는 이 일곱 권 중 다섯 권을 번역했다. 특히 봄벨리는 디오판토스의 책을 번역하면서 "대수학은 아랍인들에 앞서 인도인들에게 알려져 있었다"(*Ars Magna*, p. 8)라고 말하였다.
9. Roshdi Rashed, "L'Algèbre," in *Histoire des sciences arabes* (Le Seuil, 1997), vol. 2 참조.
10. 내 책을 헌정 받은 이들 중 한 사람은 루이스 캐롤(Lewis

Carroll)이 수학자였으며, 후속작인 《거울 나라의 앨리스》에 나오는 Jabberwockey('종잡을 수 없는 말'이라는 뜻: 옮긴이)라는 단어가 아랍어처럼 오른쪽에서 왼쪽으로 쓰였음을 지적해 주었다. 아마도 루이스 캐롤은 9세기에 집필된 아랍의 수학책 제목에서 이 아이디어를 떠올렸던 것 같다.

11. 이 글은 봄벨리의 *L'Algebra*, p. 317에서 인용하였으며, Michelle Sharon Jaffe가 번역하였다.

12. 나는 이 공식들을 현대식 표기법으로 적었다. 한 가지 짚고 넘어갈 것은 봄벨리가 음수 다루기를 꺼렸기 때문에 음수항을 등식의 반대쪽으로 이항하여 항상 양수가 되도록 만들었다는 점이다. 그는 이러한 조작을 '변환(transmutatione)'이라 불렀다.

13. 내가 '지표(indicator)'라는 용어를 선택한 이유는 이 값의 부호가 실수해의 개수를 좌우하기 때문이다. 지표 d의 값이 양수이면 실수해는 단 하나뿐이고, 지표 d가 음수이면 세 개의 실수해가 존재한다.

14. -1은 -1의 세제곱근이므로($\sqrt[3]{-1} = -1$) 달 페로의 공식에서 -1의 세제곱근 두 개를 -1이라고 해석하면, 이 수수께끼 같은 공식에 따라 $X = (-1) + (-1) = -2$를 근으로 예상할 수 있다. 이것은 두 개의 해 중 하나에 해당한다. 본문의 방정식을 다항식으로 표현하면 다음과 같다.

$$X^3 - 3X + 2 = (X-1)^2(X+2)$$

15. 이 인용문은 봄벨리의 *L'Algebra*, p. 133에서 인용한 것이다(1

장의 후주-24 참조). La Nave and Mazur, "Reading Bombelli," pp. 14~17(2장의 후주-15 참조)를 보라.

16. Ibid., pp. 639~642.
17. *The Analytic Art*, p. 445.
18. 봄벨리 이후의 대수학 발달사, 특히 현대 대수학으로 진보하게 된 결정적인 사건들에 대해서는 Klein, *Greek Mathematical Thought* 참조.
19. 이 책의 원제목은 *Invention nouvelle en l'algèbre: tant pour la solution des équations, que pour recognoistre le nombre des solutions q'elles reçoivent avec plusieurs choses que sont nécessaires à la perfection de ceste divine science* (Guillaume Iansson Blaeuw, 1629)이다.
20. 카르다노는 미지수를 뜻하는 단어로 *res, positio, quantitas*를 혼용하였다. *cos*는 'Rule of the coss'의 어원으로 초기 대수학 서적에 자주 등장한다.
21. Bombelli, *L'Algebra*, p. 155. Michelle Sharon Jaffe, *The Story of O* (Harvard Univ. Press, 1999), p. 47에 번역되어 있다.
22. Colebrooke, *Algebra*, p. 139, para. 17 (1장 후주-23 참조). 이 페이지에 실린 각주도 읽어 보라.
23. Newton, *Universal Arithmetick* (2장 후주-6 참조).
24. G. W. Leibniz, "Of Universal Synthesis and Analysis; or, Of the Art of Discovery and of Judgement," trans. M. Morris

and G. H. R. Parkinson, in *Leibniz Philosophical Writings* (Dent & Sons, 1973), pp. 10~17.

8장 이미지 잡아 늘이기

1. *The Story and Its Writer*, ed. Ann Charters, 4th ed. (St. Martin's Press, 1995), pp. 1502~1505에 실린 John Updike의 뛰어난 수필 "Kafka and the Metamorphosis"에서 인용. 여기서 Updike는 벌레를 가시화하지 않은 채 상상하고 있다. 또한 나보코프의 《변신》 강의를 녹화한 비디오 *Navokov on Kafka: Understanding "The Metamorphosis"* (Monterey Home Video, 1991)도 참조.

2. Vladimir Nabokov, *Lectures on Literature* (Harcourt Brace, 1980), p. 258.

3. Ibid., p. 258.

4. David Magarshack이 번역한 *The Anchor Book of Stories* (Doubleday & Co., 1958), p. 59에서 인용.

5. *Dreaming by the Book*, p. 43.

6. R. Descartes, *Regulae ad Directionem Ingenii* [Rules for the Direction of the Natural Intelligence], trans. G. Heffernan (Rodopi, 1998).

7. Winston Churchill, *The Gathering Storm* (Houghton Mifflin, 1948), p. 343.

8. 자신을 세제곱했을 때 -1이 되는 수(-1의 세제곱근)는 모두

세 개가 있으며, 그 값은 -1, $(1+\sqrt{-3})/2$, $(1-\sqrt{-3})/2$이다.

9. 언뜻 생각하면 $3 \times 3 = 9$가지 의미를 갖고 있을 것 같지만, 이들 중 3개는 의미가 같기 때문에[예: $-1 + (1+\sqrt{-3})/2$와 $(1+\sqrt{-3})/2 + (-1)$ 등] 6가지 경우로 압축된다.

10. 달 페로의 공식에 나와 있는 두 개의 $\sqrt[3]{-1}$을 모두 -1로 해석하면 $X = -2$가 얻어지고, 두 개의 $\sqrt[3]{-1}$ 중 하나를 $(1+\sqrt{-3})/2$로, 다른 하나를 $(1-\sqrt{-3})/2$로 해석하면 $X = 1$이 얻어진다. 그 외의 선택은 $X^3 = 3X - 2$를 만족시키지 못한다.

11. 봄벨리의 변덕스러운 기질에 대하여 좀 더 알고 싶은 독자들은 *L'Algebra*의 서문을 보라.

12. 11장에서 드무아브르에 대해 논할 때 다시 언급하겠지만, 카르다노는 이렇게 복잡한 거듭제곱근의 합도 하나의 '수'로 간주하였다.

9장 수로 표현되는 기하학

1. A. B. Lord, *The Singer of Tales* (Harvard Univ. Press, 1960), Cf. G. Nagy, *Homeric Questions* (Univ. of Texas Press, 1996), p. 70.

2. Ferdowsī, *Shāh-nāmeh* I, 21.126~136. G. Nagy, *Homeric Questions*, p. 70. 참조.

3. "Whatever It Is, Wherever You Are," in *A Wave*, p. 63.

4. Adrienne Rich, "(Dedications)," in *An Atlas of a Difficult*

World: Poems 1988~1991 (Norton, 1991).

5. Cajori, *History of Mathematical Notations*, p. 126, para. 495 참조.

6. 본문에서 언급한 입문서는 Robert Recorde, *The Grou[n]d of artes teachying the worke and practise of Arithmetike, moch necessary for all states of men. After a more easyer & exacter sorte, then any lyke hath hytherto ben set forth: with dyurse newe additions* (1542년 초판 발행)이다. 이 내용은 Michele Sharon Jaffe, *The Story of O* (Harvard Univ. Press, 1999), p. 39에 인용되어 있다. 저자는 이 대화를 통해 로마숫자에서 아라비아숫자로 넘어가면 친숙한 정도가 급감하여 숫자 자체가 미지수처럼 여겨진다는 점을 강조하고 있다.

7. Stephen Booth, *Shakespeare's Sonnets* (Yale Univ. Press, 1977), pp. 447~452 참조.

8. 인지과학적 측면에서 본 i의 개념과 기하학적 구현법에 관해서는 Lakoff and Núñez, "Case Study 3: Waht Is i?," in *Where Mathematics Comes from*, pp. 420~432 참조.

9. Thomas Lux, "The Voice You Hear When You Read Silently," in *New and Selected Poems 1975~1995* (Houghton Mifflin, 1997), p. 15.

10장 수의 기하학적 속성

1. 코페르니쿠스는 지동설을 주장한 자신의 논문에서 "나의 이론

은 그저 가정일 뿐"이라는 소극적인 자세를 취했다. 아마도 교회의 반발을 예상했기 때문일 것이다.

2. Charles Baudelaire, *Oeuvres Complète* (Gallimard, 1958), p. 281.

3. 버지니아 울프의 수필 "Impassioned Prose"에서 인용. 이 글은 1926년 9월에 발행된 *The Times Literary Supplement*에 처음 수록되었으며, 나중에 *Granite & Rainbow* (Harvest, 1958), P. 35에 재수록되었다.

4. 본문에서 말하는 네 개의 항은 각각

$$3 \times 5 = 15$$
$$3 \times 6\sqrt{-1} = 18\sqrt{-1}$$
$$4\sqrt{-1} \times 5 = 20\sqrt{-1}$$
$$4\sqrt{-1} \times 6\sqrt{-1} = -24$$

이다. 그러므로 계산결과는 다음과 같다.

$$(3+4\sqrt{-1}) \times (5+6\sqrt{-1}) = 15 + 18\sqrt{-1} + 20\sqrt{-1} + (-24)$$
$$= -9 + 38\sqrt{-1}$$

5. Isaac Newton, *Universal Arithmetick*, p. 2.

6. 이 문장에는 고등학교에서 배우는 삼각함수의 중요한 내용이 함축되어 있다. 삼각함수의 기본은 사인, 코사인, 탄젠트 등이며, 이들의 값을 나열한 표를 삼각함수표(trig tables)라 한다(이 옛날 방법은 삼각함수를 다루는 계산기로 대체되었다).

제 3부

11장 수에 내재되어 있는 기하학적 의미

1. 프랑수아 비에트의 저서와, 알베르 지라르가 1629년에 발표한 *Invention nouvelle en l'algèbre*에는 3차방정식의 삼각함수해가 실려 있다.

2. 이것은 삼각함수의 '배각공식'이다. C점의 좌표 (x, y)는 각각 $\cos 2\alpha$와 $\sin 2\alpha$에 대응되며, B점의 좌표 (c, s)는 각각 $\cos \alpha$와 $\sin \alpha$에 대응된다. 그러므로 $\cos 2\alpha = \cos^2 \alpha - \sin^2 \alpha$이며, $\sin 2\alpha = 2 \sin \alpha \cos \alpha$이다.

3. 영어 번역본 *The Philosophical Transactions of the Royal Society of London from their Commencement in 1665 to the Year 1800; Abridged,* vol. 8 (1735~43), ed. Charles Hutton, George Shaw, and Richard Pearson (London, 1809) 참조. 본문에서는 드무아브르가 a, b로 표기한 것을 c, s로 표기하였고 동경 r은 1로 단순화했으며, $c^2 + s^2 = 1$ ($\cos^2\alpha + \sin^2\alpha = 1$)을 이용하였다.

4. De Moivre, "Reduction of Radicals"에서 인용. 그런데 본문에 나오는 $81 + \sqrt{-2700}$은 적절한 예라 할 수 없다. $81 + \sqrt{-2700}$의 세제곱근은 사인표 없이도 구할 수 있기 때문이다.

5. 월리스가 쓴 라틴어 원문을 D. E. Smith가 영어로 번역한 *Source Book in Mathematics*, p. 48에서 인용.

6. André Weil, "De la métaphysique aux mathématiques," in *André Weil: Oeuvres Scientifiques Collected Papers*, vol. 2 (1951~64) (Springer, 1979), pp. 408~412.

7. 드무아브르의 전기가 얼마나 정확한지 궁금한 독자는 Helen Walker, "Abraham De Moivre," in *Scripta Mathematica*, vol. 2(1933~34) (Yeshiva College, 1934) 참조.

8. L. Euler, "Recherches sur les racines imaginaries des équations," *Histoire de l'Acaemie Royale des Sciences et Belles Lettres* (Berlin), vol. 5, 1749, pp. 222~288. Smith의 영어 번역본에는 pp. 452~454에 수록되어 있다.

9. 대수학과 가하학의 통합의 역사에 관해서는 Paul Nahin, *The Story of $\sqrt{-1}$* (Princeton Univ. Press, 1998) 참조. *Notices of the American Mathematical Society* 46 (Nov. 1999): 1233~1236에 실린 B. Blank의 리뷰도 도움이 될 것이다.

10. 가우스는 일생 동안 이것을 네 가지 방법으로 증명하였다.

11. *Annales de mathématiques pures et appliquées* 4, no. 2 (sept. 1813)에 수록된 프랑세의 논문. 이 저널은 앞으로 *Annales*라 부르기로 한다.

12. 아르강이 말한 논문은 1806년에 발표한 "Essai sur une manière de représenter les quantités imaginaires, dans les constructions géométriques"였다. 본문에서 언급한 베셀의 논문의 영어 번역본으로는 D. E. Smith, *A Source Book in Mathematics*, pp. 55~66 참조.

13. 이 정리는 이 절의 첫머리에서 언급한 가우스의 박사학위논문에서 증명되었다.
14. 제르곤느는 친구가 많았다. Niels Nielsen의 회고록 *Géométres Français sous la Révolution* (Levin & Munksgaard, 1929) 참조.
15. *Annales*, p. 70.
16. Ibid., p. 229.
17. "M. Servois compterait-il donc pour peu de voir enfin l'analise algébrique débarassée de ces formes inintelligibles et mysterieuses, de ces *non sense* qui la déparent et en font, pour ainsi dire, une sort de science cabalistique?"
18. 베셀과 프랑세의 논문에는 극좌표의 원리가 서술되어 있다. 특히 프랑세는 평면 위에서 정의되는 직선성분(동경) r과 위상각 a에 대하여 구체적으로 언급하였다. 그러나 그는 r의 출발점이 원점이라는 것을 분명하게 언급하지 않았다. 그저 문맥의 전후관계로 보아 그럴 것이라고 짐작할 수 있을 뿐이다. 그는 복소평면에서 r과 a를 정의하면서 "두 개의 복소수를 곱하는 것은 r끼리 곱하고 a끼리 더하는 것과 같다"고 적어 놓았다.
19. "*Corollaire 3.* Les quantités dite *imaginaires* sont donc tout aussi réelle que les quantités positives et les quantités negatives, et n'en different que par leur position, qui est perpendiculaire à celle de ces dernières."

12장 기하학을 통한 대수학의 이해

1. Grace Dane Mazur의 소설 *Trespass* (Graywolf, 2002)에는 목사가 쌍둥이에게 세례를 주다가 이들을 구별하지 못해 혼란에 빠지는 장면이 나온다.

2. 증명과 관련된 약간의 힌트: $c/2+\sqrt{c^2/4-b^3/27}$의 세제곱근을 z라 하고, z의 켤레복소수를 z'라 하면 $zz'=b/3$이다(b는 양수이다). 이제 $(z+z')^3$을 계산해 보라.

3. Carl Boyer, *History of Mathematics*, rev. Uta Merzbach (Wiley, 1989), p. 310에서 인용.

4. 이 문제는 $X^3=bX+c$에서 $b=3$, $c=1$인 경우에 해당한다. 따라서 달 페로의 공식으로 계산해 보면 $D=(1+\sqrt{-3})/2$, $\overline{D}=(1-\sqrt{-3})/2$임을 쉽게 알 수 있다. 여기서 복소수 $(1+\sqrt{-3})/2$을 극좌표로 나타내면 동경 $r=1$이고 위상각 $\alpha=60°$가 된다. 따라서 D의 세제곱근(세 개)은 모두 $r=1$이며, 위상각은 20°, 140°, 260°이다. 이들 중 첫 번째 세제곱근(P)은 본문의 그림 중 제일 오른쪽에 표현되어 있다. 이 세제곱근과 이것의 켤레복소수를 서로 더하면 삼각형 밑변 길이의 두 배에 해당하는 값(1.87939⋯)이 얻어진다. 두 번째와 세 번째 세제곱근도 각각의 켤레복소수와 더한 값은 해당 삼각형의 밑변 길이의 두 배가 되는데, 이 경우에는 삼각형의 밑변이 원점의 왼쪽에 위치하고 있기 때문에 음수가 된다. 계산결과는 각각 $-1.532088\cdots$과 $-0.347296\cdots$이다. 그러므로 방정식 $X^3=3X+1$

의 해는 1.87939…와 −1.532088…, 그리고 −0.347296…임을 알 수 있다. 물론 삼각형 밑변의 길이를 더욱 정확하게 구하면 그만큼 정확한 해를 구할 수 있다. 소수점 아래 12자리까지 구한 해는 다음과 같다.

$$X = 1.879385241572\cdots$$
$$X = -1.532088886238\cdots$$
$$X = -0.347296355334\cdots$$

이들이 주어진 방정식을 만족하는지 확인해 보라!

5. 이에 관한 탁월한 논의로는 Robert Pinsky, *The Sounds of Poetry* (Farrar, Straus and Giroux, 1998) 참조.

6. Helen Vendler, *The Art of Shakespeare's Sonnets* (Harvard Univ. Press, 1997), p. 3

7. *The Poems of Emily Dickinson*, ed. R. W. Franklin, vol. 2 (Harvard Univ. Press, 1998)에서 인용한 Emily Dickinson의 시 372의 첫 부분.

8. Immanuel Kant, "Critique of Teleological Judgement," in *The Critique of Judgement*, trans. Werner Plauhar (Hackett, 1987), p. 244, para. 63, n. 23

9. Oscar Wilde, *The Picture of Dorian Gray* (Oxford Univ. Press, 1981), p. xxiii.

10. "Whatever It Is, Wherever You Are," p. 63.

더 읽을 책

수학에 관한 배경지식이 없는 독자들도 읽을 수 있는 허수에 관한 책

Numbers: The Language of Science, by Tobias Dantzig (Free Press, 1954)는 훌륭한 고전이다. '수 감각'에 대한 논의로 시작하는 단치히(Dantzig)의 책은 수체계의 발전과 복소수를 다룬다(특히 chapter 10, 'The Domain of Number').

Mathematics for the Millions, by Lancelot Hogben (W. W. Norton, 1937)은 "일반적인 방법으로는 수학을 배울 수 없다고 체념한 수백만의 사람들을 위한" 책으로, 단치히의 책보다 넓은 범위를 다루면서도 복소수를 훌륭하게 설명하고 있다(특히 chapter 7, 'The Dawn of Nothing, or How Algebra Began'). 이 책에 실린 '독자들을 위한 지침'은 수학책을 어떻게 읽어야 하는지 알려 준다.

One, Two, Theree, ⋯ Infinity, by George Gamow (Bantam, 1967)는 'The Mysterious $\sqrt{-1}$' 장에서 7쪽에 걸쳐 복소수를 탁월하게 설명하고 있다. 가모브(Gamow)는 복소수의 곱셈을 이용하여 우아하게 풀 수 있는 보물찾기 문제를 설명함

으로써 복소평면의 위력을 입증한다.

《일반인을 위한 파인만의 QED 강의》, 리처드 파인만 강의, 박병철 옮김(도서출판 승산, 2001)는 겉보기에는 물리학에 관한 책이지만, 양자전기역학을 논하면서 복소수를 생생하게 설명하고 있다.

고등학교 수준의 수학지식을 갖춘 독자들을 위한 수학사에 관한 책

Berlinghoff, W. P., and F. Q. Gouvêa, *Math Through the Ages* (Oxton House, 2002).

Boyer, C., rev. Uta C. Merzbach, *History of Mathematics* (Wiley, 1989).

Grattan-Guinness, I., *The Norton History of the Mathematical Sciences* (Norton, 1997).

Kaplan, B., *The Nothing That Is: A Natural History of Zero* (Oxford Univ. Press, 2000).

Klein, J., *Greek Mathematical Thought and the Origin of Algebra* (MIT Press, 1968).

Neugebauer, O., *The Exact Sciences in Antiquity* (Brown Univ. Press, 1957).

그 이상의 수학지식이 필요한 수학사에 관한 책

Cajori, F., *A History of Mathematical Notations*, vols. 1, 2 (Open Court, 1929).

Fowler, D., *The Mathematics of Plato's Academy* (Oxford Univ. Press, 1987).

Ore, O., *Number Theory and Its History* (McGraw-Hill, 1948).

Nahin, P., *An Imaginary Tale: The Story of $\sqrt{-1}$* (Princeton Univ. Press, 1998)

Weil, A., *Number Theory: An Approach Through History from Hammurapi to Legendre* (Birkhäuser, 1983).

감사의 글

많은 대화와 조언으로 집필 방향을 이끌어 준 친구들에게 감사의 말을 전하는 것은 정말 기쁜 일이다. 이 책의 주제가 결정된 것은 무려 수십 년 전이었는데, 당시 에바 브란(Eva Brann), 퍼시 다이어코니스(Persi Diaconis), 밥 카플란(Bob Kaplan)과 엘렌 카플란(Ellen Kaplan), 데이비드 카즈단(David Kazhdan), 발렌틴 포에나루(Valentin Poenaru), 가베 스톨첸베르크(Gabe Stolzenberg), 그리고 그레첸 마주르(Gretchen Mazur)와 제케 마주르(Zeke Mazur), 조 마주르(Joe Mazur) 등과 나눴던 대화가 이 책을 집필하는 데 결정적인 도움이 되었다. 또한 우리 집안의 새 가족이 된 리시 자트마리(Licsi Szatmari)와의 대화도 커다란 도움이 되었으며, 미첼 차오울리(Michel Chaouli)와 일레인 스캐리(Elaine Scarry)는 내가 이 책을 쓸 수 있도록 용기를 불어넣어 주었다.

바쁜 와중에도 귀한 시간을 할애하여 초고를 읽어 주고 꼼꼼하게 수정까지 해 준 여러 분들에게도 깊은 감사의 마음을 전한다. 특히 만줄 바르가바(Manjul Bhargava), 스티븐 부스(Stephen Booth), 에바 브란, 카를 브라운스베르거(Carl Brownsberger), 미첼 차오울리, 카피 코랄레즈(Capi Corrales), 데이비드 콕스(David Cox),

조지프 더빈(Joseph Daubin), 퍼시 다이어코니스, 즈비 도너(Zvi Dor-Ner), 페르난도 고베아(Fernando Gouvêa), 마이클 해리스(Michael Harris), 밥 카플란, 데이비드 카즈단, 조지 라코프(George Lakoff), 그레첸 마주르, 커트 맥뮬린(Curt McMullen), 피터 페식(Peter Pesic), 사이먼 싱(Simon Singh), 폴 솔만(Paul Solman), 딕 테레시(Dick Teresi), 바바라 트베르스키(Barbara Tversky)에게 감사드린다.

또한 애브너 애쉬(Avner Ash), 돈 팽거(Don Fanger), 소라나 프로다(Sorana Froda), 데이비드 지원터(David Gewanter), 빅터 귈레민(Victor Guillemin), 수잔 호메스(Susan Holmes), 미셸 자프(Michelle Jaffe), 사라 카파토(Sarah Kafatou), 엘레나 만토반(Elena Mantovan), 페데리카 라 네이브(Federica La Nave), 파울라 파니치(Paula Panich)에게 받은 도움도 잊을 수 없다. 이들 모두에게 깊은 감사를 드린다.

나의 글이 책으로 출판되리라 굳게 믿으면서 끝까지 조언을 아끼지 않았던 에릭 시모노프(Eric Simonoff)와 조나단 갈라시(Jonathan Galassi)에게도 감사드린다. 그리고 책의 제작과 관련하여 많은 도움을 준 제임스 윌슨(James Wilson)을 비롯한 FSG의 직원들에게도 고마운 마음을 전한다. 교정을 도와준 린다 스트레인지(Linda Strange)와 그림을 그려 준 마리 라일리(Mary Reilly), 그리고 여러 가지 기술적인 문제를 해결해 준 이레인 마인더(Irene Minder), 말썽 많은 내 컴퓨터를 잘 길들여 준 앤 파마(Anne Farma)에게도 깊이 감사드린다.

찾아보기

'n'이 붙은 쪽수는 '후주'에 나온 것이다.

2차다항식 quadratic polynomials 232n3
2차방정식의 근의 공식 quadratic formula 44, 46~48, 124~126, 223~224
3차다항식 cubic polynomials 233n3
3차방정식 cubic equations 117~118
　　　-의 지표 indicators of 126~128, 131
〈Beat the Devil〉(영화) 189
cosa(미지수) 132~133
leesplankjes(네덜란드의 어린이용 교구) 67~68
res(미지수) 132
tanti(미지수) 132~133
《*The Raj Quartet*》(스콧) 28

ㄱ

가우스, 카를 프리드리히 Gauss, Carl Friedrich 204, 252n10, 253n13
각의 3등분 trisection of angles 129, 201, 216
〈거듭제곱근의 단순한 표현법〉(드무아브르) 199~200
《거울 나라의 앨리스》(캐롤) 103, 245n10
경도 longitude 88~91
계수 coefficients 232n3
고골, 니콜라이 바실리예비치 Gogol', Nikolai Vasilievich 145
고흐, 빈센트 반 Gogh, Vincent Van 60
곱셈 multiplication 10~11
　　　복소수의 - of complex numbers 51~152, 177, 185, 188

복소평면에서의 – in complex plane　185~187, 190~193
　　–연산　operation of　10, 74, 104~106, 108~110
　　음수의 – of negative numbers
　　　→ '음수 곱하기 음수' 참조
　　–의 구조적 특성　structural characterization of　104, 108
공리　axioms　85
공준　postulates　85
구조적 특성　structural characterization　104, 108
'굼벵이 접근법'　creeping strategy　104~106
〈그것이 무엇이건, 당신이 어디에 있건〉(애쉬베리)　30, 146, 182
그래프　graph　94~95
그레이브스, 로버트　Graves, Robert　169
그리스인, 고대의　Greeks, ancient　69
〈그림에 반영된 인지력의 근원〉(트베르스키)　71
극좌표　polar coordinates　91~93, 191~192
《기하학원론》(유클리드)　85, 190
〈꽃 상상하기〉(스캐리)　145, 225n2

ㄴ

나기, 그레고리　Nagy, Gregory　161
나보코프, 블라디미르　Nabokov, Vladimir　144~145
넓이　area　78
네이피어, 존　Napier, John　72, 237n24
뉴턴, 아이작　Newton, Isaac　49, 84, 135, 190

ㄷ

다이어코니스, 퍼시　Diaconis, Persi　50
단테, 알리기에리　Dante, Alighieri　121
달 페로, 스키피오네 드 플로리아노 드 게리　Dal Ferro, Scipione de Floriano de Geri　115, 117, 119, 124~129, 131, 156~157, 201~202, 213~214, 221, 254n4

달랑베르, 장 르 롱 d'Alembert, Jean le Rond 206
《대수학》(봄벨리) 118, 120~122, 129~130, 166, 201, 244n8
'대수학'(월리스) 201
《대수학에서의 새로운 발견》(지라르) 132
대수학의 기본 정리 fundamental theorem of algebra 204
덧셈 addition 100~101, 150
데카르트, 르네 Descartes, René 89~90, 153, 183
도빈스, 스티븐 Dobyns, Stephen 57
동경 magnitude 92~94, 191, 193~194, 253n18
드모르간, 오거스터스 De Morgan, Augustus 59
드무아브르, 아브라함 De Moivre, Abraham 132, 197, 199~204, 251n3
드퀸시, 토머스 De Quincey, Thomas 184
《등대로》(울프) 46
디오판토스 Diophantos 78, 239n3, 244n8

ㄹ

라이딩, 로라 Riding, Laura 169
라이프니츠, 고트프리트 빌헬름 폰 Leibniz, Gottfried Wilhelm Von 136
라코프, 조지 Lakoff, George 71
랭보, 장 니콜라 아르투르 Rimbaud, Jean Nicolas Arthur 68, 236n19
로댕, 프랑수아 오귀스트 르네 Rodin, François Auguste René 19~20
로드, 앨버트 베이츠 Lord, Albert Bates 161, 164
로우스, 존 리빙스턴 Lowes, John Livingston 57
루멘, 아드리앤 반 Roomen, Adriaen van 216
루미 Rumi 98
루피니, 파올로 Ruffini, Paolo 221
룩스, 토머스 Lux, Thomas 175
르장드르, 앙드리앵-마리 Legendre, Adrien-Marie 26, 205~206
리치, 아드리엔느 Rich, Adrienne 165
릴케, 라이너 마리아 Rilke, Reiner Maria 20, 22, 58, 226n4

ㅁ

마르케스, 가브리엘 가르시아　Márquez, Gabriel Garcia　77, 81, 239n1
마흐, 에른스트　Mach, Ernst　87
맥그로우-힐 출판사　McGraw-Hill Book Company　30
머윈, 윌리엄 스탠리　Merwin, William Stanley　87
《메논》(플라톤)　24, 51
멜빌, 허먼　Melville, Herman　103
《모비딕》(멜빌)　103
《문학적 자서전》(콜리지)　29
미지수　unknown　46, 121~122, 132~136 → '종' 참조

ㅂ

바스카라　Bháskara　33, 70, 79, 117, 134, 230n23
바흐, 요한 제바스티안　Bach, Johann Sebastian　220
법칙　law　100~101
　　-의 정의　definition of　84~86
　　지레-　of the lever　70
　　평행사변형-　parallelogram　176
　　→ '분배법칙' 참조
베셀, 카스파르　Wessel, Caspar　204, 208, 253n18
베유, 앙드레　Weil, André　202
베일, 마리-앙리　Beyle, Marie-Henri → '스탕달' 참조
벤담, 제러미　Bentham, Jeremy　29
벤들러, 헬렌　Vendler, Helen　218
《변신》(카프카)　77, 143~144, 239n1
변환　transformation　137~142
　　-으로서의 수　number as　146, 189, 208
보들레르, 샤를 피에르　Baudelaire, Charles Pierre　184
보르헤스, 호르헤 루이스　Borges, Jorge Luis　97~98
복소수　complex numbers　150, 170, 191

-의 곱셈 multiplication of 151~152, 177
-의 덧셈 addition of 150, 176
복소켤레 conjugation 215
복소평면 complex plane 174, 176~178, 189
　　-에서의 곱셈 multiplication in 185~187, 190~193
봄벨리, 라파엘 Bombelli, Rafael 53, 80, 115, 118, 120~124, 126, 128~133, 135~136, 149, 155, 157~159, 166, 201~202, 213, 215~216, 234n15, 244n8, 245n12
부스, 스티븐 Booth, Stephen 169
부피 volume 78
분배법칙 distributive law 83~84, 86, 100, 105~110, 151, 231n26
분석 analysis 223
브라흐마굽타 Brahmagupta 70
브란, 에바 Brann, Eva 28, 56
브룩, 루퍼트 Brooke, Rupert 66
비에트, 프랑수아 Viète, François 46, 80, 82, 121, 129, 131~132, 202, 216, 240n10, 251n1
《비자-가니타》(바스카라) 33, 49, 70, 79
비트겐슈타인, 루트비히 요제프 요한 Wittgenstein, Ludwig Josef Johan 55

ㅅ

사인 sine 94, 250n6
삼각법 trigonometry 94
상상(력) imagination 19~22, 25~30
　　그리기와 - visualization versus 143~146
　　-을 묘사하기 problem of describing 55~58
　　-의 여분 spareness of inventory of 97~99
　　읽기와 - reading and 30~32
《상상력의 세계》(브란) 28
〈성질과 운동의 배열에 관한 연구〉(오렘) 94
세르보어, 조제프-프랑세 Servois, Joseph-François 207~209, 241n13

세제곱근　cube roots　122~127, 155, 166~167
셰익스피어, 윌리엄　Shakespeare, William　27, 169
　　　소네트　Sonnets　153, 169, 180
《셰익스피어의 소네트》(부스)　169
소크라테스　Socrates　24
《소피스테스》(플라톤)　74
《수의 과학에 있어서의 세 부분》(슈케)　34
수직선　number lines　68~69, 72~74, 89, 170, 178
　　　-의 신축성　elasticity of　137~143
　　　-의 회전　rotation of　162~163
수피즘　Sufism　56
수학자　mathematicians
　　　16세기 이탈리아 -　25, 32~33, 35, 157
　　　힌두 -　78
〈순수 및 응용 수학 연보〉(학술지)　206~207, 240n13
숫자 헤아리기　counting numbers　8
슈케, 니콜라스　Chuquet, Nicolas　34~35, 44, 48, 117, 128, 230n25
술라이만 대제　Süleyman the Magnificent　65
스캐리, 일레인　Scarry, Elaine　19~20, 31~32, 55, 59, 145, 225n2
스콧, 폴　Scott, Paul　28
스탕달　Stendhal　64~65, 74, 108~109
스토아철학　Stoicism　56
시　poetry　26, 97~99, 160
　　　산문- prose　183~184
　　　서사- epic　161
실수　real numbers　9, 68~69, 74~76, 170~171, 173
실수부, 복소수의　real part, of complex number　150
십진표기법　decimal expansions　75~76
쌍둥이　twins　211~213

ㅇ

〈아담의 저주〉(예이츠) 56

아라비, 이븐 알 'Arabī, Ibn al- 56

아르강, 장-로베르 Argand, Jean-Robert 205~209, 252n12

아르키메데스 Archimedes 69~70

아리스토텔레스 Aristoteles 35

아벨, 닐스 헨리크 Abel, Niels Henrik 222

알고리듬 algorithm 130~131, 213, 215~217

앙리 4세 Henry IV 216

《앙리 브륄라르의 삶》(스탕달) 64

〈애가〉(머윈) 87

애쉬베리, 존 Ashbery, John 30, 59~60, 146~148, 164, 174, 182~183, 220~221

업다이크, 존 Updike, John 247n1

에우독소스 Eudoxos 237n27

《역학》(마흐) 87

예이츠, 윌리엄 버틀러 Yeats, William Butler 56

《오뒷세이아》(호메로스) 161

오레, 오이스타인 Ore, Oystein 119

오렘, 니콜 Oresme, Nicole 94~97, 183, 190

오마르 하이얌 Omar Khayyám 98

오시안더, 안드레아스 Osiander, Andreas 182

오일러, 레온하르트 Euler, Leonhard 26, 64, 203~204, 206

와일드, 오스카 Wilde, Oscar 219

《왕들의 책》(페르도시) 161

요요마 Yo-Yo Ma 22

울프, 버지니아 Woolf, Virginia 46, 184

워즈워스, 윌리엄 Wordsworth, William 29

원리 principles 84, 86

〈원작의 구두법과 철자법에 관한 연구〉(그레이브스와 라이딩) 169

월리스, 존 Wallis, John 201~202, 208

《위대한 술법》(카르다노) 50~51, 53, 80, 115, 119, 121, 182, 244n8
위도 latitude 88~91
위상각 phase 92, 94, 191, 253n18
위성항법장치 GPS 88
유클리드 Euclid 85, 190, 241n14
유클리드 기하학 Euclidean geometry 89, 91~94, 171~174, 177, 211, 231n28
음수 곱하기 음수 minus times minus 44, 63~64, 74, 82~83, 107, 109~111
음수 곱하기 양수 minus times plus 107
《일리아스》(호메로스) 161

ㅈ

정수 integers 8
정수 whole numbers 8~9, 75, 78
《정신지도를 위한 규칙들》(데카르트) 153
제곱근 square roots 22~24, 38~44, 124, 166
　　수학적 문제들과 - mathematical problems and 32~35
　　음수의 - of negative numbers 22, 25, 48~49
제곱 완성하기 completion of the square 223~224
제르곤느, 조제프-디아즈 Gergonne, Joseph-Diaz 206~209
〈조용히 읽을 때 들려오는 목소리〉(룩스) 175
존슨, 마크 Johnson, Mark 71
'종' species 80, 132, 134~136 → 미지수 참조
종합 synthesis 223
좌표 coordinates
　　극- polar 91~93, 191~192
　　직교- Cartesian 89~94, 171, 190~192
《주사위 게임에 관한 책》(카르다노) 50
지라르, 알베르 Girard, Albert 131, 251n1
지레법칙 law of the lever 70
지성적인 제곱근 noetic radicals 58

지표　indicators　126~128, 131, 245n13
직교좌표　Cartesian coordinate　89~94, 171, 190~192

ㅊ

찰스 5세　Charles V　37
《천체의 회전에 관하여》(코페르니쿠스)　182
초서, 제프리　Chaucer, Geoffrey　35

ㅋ

카르다노, 지롤라모　Cardano, Girolamo　49~53, 77~78, 80, 115, 119~121,
　　123~124, 157, 165~166, 179, 230n22, 244n8, 246n20, 248n12
카푸스, 프란츠　Kappus, Franz　58
카프카, 프란츠　Kafka, Franz　77, 143~145, 239n1
칸트, 임마누엘　Kant, Immanuel　219
캐롤, 루이스　Carroll, Lewis　244n10
《캔터베리 이야기》(초서)　35
켤레복소수　conjugate complex numbers　212~215
《코》(고골)　145
코사인　cosine　94, 252n6
　　-방정식　equations for　197~203
코시, 오귀스탱 루이　Cauchy, Augustin Louis　59, 209
코페르니쿠스, 니콜라우스　Copernicus, Nicolaus　182, 249n1
콜리지, 사무엘 테일러　Coleridge, Samuel Taylor　29, 57
〈쿠빌라이 칸〉(콜리지)　57
퀸틸리안　Quintilian　28~29
크리시푸스　Chrysippus　56
콰리즈미, 무하마드 이븐 무사 알　Khwārizmī, Muhammad ibn Mūsā al-
　　120~121
《키탑 알 자브르 와 알 무카발라》(콰리즈미)　120

ㅌ

타르탈리아, 니콜로　Tartaglia, Niccolò　115~116, 119~120, 124, 178~179, 243n5

테아이테토스　Theaetetos　74~75

튤립　tulip　65~66 → '튤립의 노란빛' 참조

〈튤립〉(트위첼)　99

'튤립의 노란빛'　yellow of the tulip　19~22, 30~31, 59~60, 66, 134, 174, 183, 218

트베르스키, 바바라　Tversky, Barbara　71~72

트위첼, 체이스　Twichell, Chase　99

ㅍ

파찌, 안토니오 마리아　Pazzi, Antonio Maria　244n8

《판단력 비판》(칸트)　219

판타스티콘　phantastikon　56

패리, 밀만　Parry, Milman　161, 164

페라리, 로도비코　Ferrari, Lodovico　53, 80, 120

페르도시　Ferdowsī　161

평행사변형법칙　parallelogram law　176

표기법, 수학적　notation, mathematical　165~169

〈표식 없는 상자〉(루미)　98

표현의 경제성　economy of expression　87

푸앵카레의 추측　Poincaré conjecture　36~37, 231n28

프랑세, 자크-프레데릭　Français, Jacques-Frédéric　205~209, 253n18

플라톤　Platon　24, 51, 74, 76

플라톤주의　Platonism　82

피오레, 안토니오 마리아　Fiore, Antonio Maria　116~117, 119, 178, 243n5

피타고라스와 피타고라스학파　Pythagoras and Pythagoreans　38~39, 42, 93, 203

피히테, 요한 고틀리프　Fichte, Johann Gottlieb　81

ㅎ

하페즈 Hāfez 98
합리성 rationality 86
해리엇, 토머스 Harriot, Thomas 58
〈해바라기〉(반 고흐) 60
《해석학 입문》(비에트) 80, 129
허락 permission 63, 77~82, 84
허수 imaginary numbers 9, 150, 160, 170~174
허수부, 복소수의 imaginary part, of complex number 150
《헨리 5세》(셰익스피어) 27
《형이상학》(아리스토텔레스) 35
호메로스적 전통 Homeric tradition 161
화이트 플라워 팜 White Flower Farm 60
히스, 토머스 리틀 Heath, Thomas Little 237n27

승·산·에·서·만·든·책·들

19세기 산업은 전기 기술 시대, 20세기는 전자 기술(반도체) 시대, 21세기는 양자 기술 시대입니다. 미래의 주역인 청소년들을 위해 21세기 **양자 기술**(양자 컴퓨터, 양자 암호, 양자 정보, 양자 철학 등) 시대를 대비한 수학 및 물리학 양서를 계속 출간하고 있습니다.

수학

불완전성 쿠르트 괴델의 증명과 역설
<GREAT DISCOVERIES>
레베카 골드스타인 지음 | 고중숙 옮김 | 352쪽 | 15,000원

독자적인 증명을 통해 괴델은 충분히 복잡한 체계, 요컨대 수학자들이 사용하고자 하는 체계라면 어떤 것이든 참이면서도 증명불가능한 명제가 반드시 존재한다는 사실을 밝혀냈다. 괴델이 보기에 이는 인간의 마음으로는 오직 불완전하게 헤아릴 수밖에 없는, 인간과 독립적으로 존재하는 영원불멸의 객관적 진리에 대한 증거였다. 레베카 골드스타인은 소설가로서의 기교와 과학철학자로서의 통찰을 결합하여 괴델의 정리와 그 현란한 귀결들을 이해하기 쉽도록 펼쳐 보임은 물론 괴팍스럽고도 처절한 천재의 삶을 생생히 그려 나간다.

간행물윤리위원회 선정 '청소년 권장 도서'

리만 가설 베른하르트 리만과 소수의 비밀
존 더비셔 지음 | 박병철 옮김 | 560쪽 | 20,000원

수학의 역사와 구체적인 수학적 기술을 적절하게 배합시켜 '리만 가설'을 향한 인류의 도전사를 흥미진진하게 보여 준다. 일반 독자들도 명실 공히 최고 수준이라 할 수 있는 난제를 해결하는 지적 성취감을 느낄 수 있을 것이다.

2007 대한민국학술원 기초학문육성 '우수학술도서' 선정

소수의 음악 수학 최고의 신비를 찾아
마커스 드 사토이 지음 | 고중숙 옮김 | 560쪽 | 20,000원

소수, 수가 연주하는 가장 아름다운 음악! 이 책은 세계 최고의 수학자들이 혼돈 속에서 질서를 찾고 소수의 음악을 듣기 위해 기울인 힘겨운 노력에 대한 매혹적인 서술이다. 19세기 이후부터 현대 정수론의 모든 것을 다루는 일반인을 위한 '리만 가설', 최고의 안내서이다.

2007 과학기술부 인증 '우수과학도서' 선정, 아·태 이론물리센터 선정 '2007년 올해의 과학도서 10권', <EBS 북 다이제스트> 테마북 선정

(저자 마커스 드 사토이는 180여 년 전통의 '영국왕립연구소 크리스마스 과학강연'을 한국에 옮겨 와 일산 킨텍스에서 열린 '대한민국 과학축전'에서 2007년 '8월의 크리스마스 과학강연'을 4회에 걸쳐 진행했으며 KBS TV에 방영되었다.)

영재들을 위한 365일 수학여행
시오니 파파스 지음 | 김홍규 옮김 | 15,000원

재미있는 수학 문제와 수수께끼를 일기 쓰듯이 하루에 한 문제씩 풀어 가면서 논리적인 사고력과 문제해결능력을 키우고 수학언어에 친숙해지도록 하는 책. 더불어 수학사의 유익한 에피소드도 읽을 수 있다.

뷰티풀 마인드
실비아 네이사 지음 | 신현용, 승영조, 이종인 옮김 | 757쪽 | 18,000원

21세 때 MIT에서 27쪽짜리 게임이론의 수학 논문으로 46년 뒤 노벨 경제학상을 수상한 존 내쉬의 영화 같았던 삶. 그의 삶 속에서 진정한 승리는 30년 동안 시달려 온 정신분열증을 극복하고 노벨상을 수상한 것이 아니라, 아내 앨리시아와의 사랑으로 끝까지 살아남아 성장할 수 있었다는 점이다.

간행물리윤리위원회 선정 '우수도서', 영화 <뷰티풀 마인드> 오스카상 4개 부문 수상

우리 수학자 모두는 약간 미친 겁니다
폴 호프만 지음 | 신현용 옮김 | 376쪽 | 12,000원

83년간 살면서 하루 19시간씩 수학문제만 풀었고, 485명의 수학자들과 함께 1,475편의 수학논문을 써낸 20세기 최고의 전설적인 수학자 폴 에어디쉬의 전기.

한국출판인회의 선정 '이달의 책', 론-풀랑 과학도서 저술상 수상

무한의 신비
애머 악첼 지음 | 신현용, 승영조 옮김 | 304쪽 | 12,000원

고대부터 현대에 이르기까지 수학자들이 이루어 낸 무한에 대한 도전과 좌절. 무한의 개념을 연구하다 정신병원에서 쓸쓸히 생을 마쳐야 했던 칸토어, 그리고 피타고라스에서 괴델에 이르는 '무한'의 역사.

유추를 통한 수학탐구
P.M. 에르든예프, 한인기 공저 | 272쪽 | 18,000원

유추는 개념과 개념을, 생각과 생각을 연결하는 징검다리와 같다. 이 책을 통해 우리는 '내 힘으로' 수학하는 기쁨을 얻게 된다.

문제해결의 이론과 실제
한인기, 꼴랴긴 Yu. M. 공저 | 208쪽 | 15,000원

입시 위주의 수학교육에 지친 수학교사들에게는 '수학 문제해결의 가치'를 다시금 일깨워 주고, 수학 논술을 준비하는 중등학생들에게는 진정한 문제해결력을 길러 줄 수 있는 수학 탐구서.

물리

타이슨이 연주하는 우주 교향곡 1, 2권
닐 디그래스 타이슨 지음 | 박병철 옮김 | 1권 256쪽, 2권 264쪽 | 각권 10,000원

모두가 궁금해하는 우주의 수수께끼를 명쾌하게 풀어내는 책! 10여 년 동안 미국 월간지 <유니버스>에 '우주'라는 제목으로 기고한 칼럼을 두 권으로 묶었다. 우주에 관한 다양한 주제를 골고루 배합하여 쉽고 재치 있게 설명해 준다.

아인슈타인의 우주
<GREAT DISCOVERIES>
미치오 카쿠 지음 | 고중숙 옮김 | 328쪽 | 15,000원

밀도 높은 과학적 개념을 일상의 언어로 풀어내는 카쿠는 「아인슈타인의 우주」에서 인간 아인슈타인과 그의 유산을 수식 한 줄 없이 체계적으로 설명한다. 가장 최근의 끈이론에도 살아남아 있는 그의 사상을 통해 최첨단 물리학을 이해할 수 있는 친절한 안내서 역할도 할 것이다.

퀀트 물리와 금융에 관한 회고
이매뉴얼 더만 지음 | 권루시안 옮김 | 472쪽 | 18,000원

'금융가의 리처드 파인만'으로 손꼽히는 금융가의 전설적인 더만! 그가 말하는 이공계생들의 금융계 진출과 성공을 향한 도전을 책으로 읽는다. 금융공학과 퀀트의 세계에 대한 다채롭고 흥미로운 회고. 수학자 제임스 시몬스는 70세 나이에도 1조 5천 억 원의 연봉을 받고 있다. 이공계생들이여, 금융공학에 도전하라!

과학의 새로운 언어, 정보
한스 크리스천 폰 베이어 지음 | 전대호 옮김 | 352쪽 | 18,000원

양자역학이 보여 주는 '반직관적인' 세계관과 새로운 정보 개념의 소개. 눈에 보이는 것이 세상의 전부가 아님을 입증해 주는 '양자역학'의 세계와, 현대 생활에서 점점 더 중요시되는 '정보'에 대해 친근하게 설명해 준다. IT산업에 밑바탕이 되는 개념들도 다룬다.
한국과학문화재단 출판지원 선정 도서

아인슈타인의 베일 양자물리학의 새로운 세계
안톤 차일링거 지음 | 전대호 옮김 | 312쪽 | 15,000원

양자물리학의 전체적인 흐름을 심오한 질문들을 통해 설명하는 책. 세계의 비밀을 감추고 있는 거대한 '베일'을 양자이론으로 점차 들춰낸다. 고전물리학에서 최첨단의 실험 결과에 이르기까지, 일반 독자들을 위해 쉽게 설명하고 있어 과학 논술을 준비하는 학생들에게 도움을 준다.

엘러건트 유니버스
브라이언 그린 지음 | 박병철 옮김 | 592쪽 | 20,000원

초끈이론의 바이블! 초끈이론과 숨겨진 차원, 그리고 궁극의 이론을 향한 탐구 여행을 이끈다. 초끈이론의 권위자 브라이언 그린은 핵심을 비껴가지 않고도 가장 명쾌한 방법을 택한다.
<KBS TV 책을 말하다>와 <동아일보><조선일보><한겨레>선정 '2002년 올해의 책', 2008년 '새 대통령에게 권하는 책 30선' 선정

우주의 구조
브라이언 그린 지음 | 박병철 옮김 | 747쪽 | 28,000원

'엘러건트 유니버스'에 이어 최첨단 물리를 맛보고 싶은 독자들을 위한 브라이언 그린의 역작! 새로운 각도에서 우주의 본질에 관한 이해를 도모할 수 있을 것이다.
<KBS TV 책을 말하다> 테마북 선정, 제46회 한국출판문화상(번역부문, 한국일보사), 아·태 이론 물리센터 선정 '2005년 올해의 과학도서 10권'

파인만의 물리학 강의 I
리처드 파인만 강의 | 로버트 레이턴, 매슈 샌즈 엮음 | 박병철 옮김
| 736쪽 | 양장 38,000원 | 반양장 18,000원, 16,000원(Ⅰ-Ⅰ, Ⅰ-Ⅱ로 분권)

40년 동안 한 번도 절판되지 않았던, 전 세계 이공계생들의 전설적인 필독서, 파인만의 빨간 책.
2006년 중3, 고1 대상 권장 도서 선정(서울시 교육청)

파인만의 물리학 강의 II

리처드 파인만 강의 | 로버트 레이턴, 매슈 샌즈 엮음 | 김인보, 박병철 외 6명 옮김 | 800쪽 | 40,000원

파인만의 물리학 강의 I 에 이어 우리나라에 처음 소개되는 파인만 물리학 강의의 완역본. 주로 전자기학과 물성에 관한 내용을 담고 있다.

파인만의 물리학 길라잡이 강의록에 딸린 문제 풀이

리처드 파인만, 마이클 고틀리브, 랠프 레이턴 지음 | 박병철 옮김 | 304쪽 | 15,000원

파인만의 강의에 매료되었던 마이클 고틀리브와 랠프 레이턴이 강의록에 누락된 네 차례의 강의와 음성 녹음, 그리고 사진 등을 찾아 복원하는 데 성공하여 탄생한 책으로, 기존의 전설적인 강의록을 보충하기에 부족함이 없는 참고서이다.

파인만의 여섯 가지 물리 이야기

리처드 파인만 강의 | 박병철 옮김 | 246쪽 | 양장 13,000원, 반양장 9,800원

파인만의 강의록 중 일반인도 이해할 만한 '쉬운' 여섯 개 장을 선별하여 묶은 책. 미국 랜덤하우스 선정 20세기 100대 비소설 가운데 물리학 책으로 유일하게 선정된 현대과학의 고전. **간행물윤리위원회 선정 '청소년 권장 도서', 서울시 교육청, 경기도 교육청 권장도서 선정, KBS 'TV 책을 말하다' 선정 도서**

파인만의 또 다른 물리 이야기

리처드 파인만 강의 | 박병철 옮김 | 238쪽 | 양장 13,000원, 반양장 9,800원

파인만의 강의록 중 상대성이론에 관한 '쉽지만은 않은' 여섯 개 장을 선별하여 묶은 책. 블랙홀과 웜홀, 원자 에너지, 휘어진 공간 등 현대물리학의 분수령이 된 상대성이론을 군더더기 없는 접근 방식으로 흥미롭게 다룬다.

일반인을 위한 파인만의 QED 강의

리처드 파인만 강의 | 박병철 옮김 | 224쪽 | 9,800원

가장 복잡한 물리학 이론인 양자전기역학을 가장 평범한 일상의 언어로 풀어낸 나흘간의 여행. 최고의 물리학자 리처드 파인만이 복잡한 수식 하나 없이 설명해 간다.

발견하는 즐거움
리처드 파인만 지음 | 승영조, 김희봉 옮김 | 320쪽 | 9,800원

인간이 만든 이론 가운데 가장 정확한 이론이라는 '양자전기역학(QED)'의 완성자로 평가받는 파인만. 그에게서 듣는 앎에 대한 열정.

문화관광부 선정 '우수학술도서', 간행물윤리위원회 선정 '청소년을 위한 좋은 책'

천재 리처드 파인만의 삶과 과학
제임스 글릭 지음 | 황혁기 옮김 | 792쪽 | 28,000원

'카오스'의 저자 제임스 글릭이 쓴, 천재 과학자 리처드 파인만의 전기. 영재 자녀를 둔 학부형, 과학자, 특히 과학을 공부하는 학생이라면 꼭 읽어야 하는 책.

2006 과학기술부 인증 '우수과학도서', 아·태 이론물리센터 선정 '2006년 올해의 과학도서 10권'

스트레인지 뷰티 머리 겔만과 20세기 물리학의 혁명
조지 존슨 지음 | 고중숙 옮김 | 608쪽 | 20,000원

20여 년에 걸쳐 입자 물리학을 지배했고 리처드 파인만과 쌍벽을 이루었던 머리 겔만. 그가 이룬 쿼크와 팔중도의 발견은 이후의 입자물리학에서 펼쳐진 모든 것들의 초석이 되었다. 1969년 노벨물리학상을 받았고, 현재도 생존해 있는 머리 겔만의 삶과 학문.

교보문고 선정 '2004 올해의 책'

볼츠만의 원자
데이비드 린들리 지음 | 이덕환 옮김 | 340쪽 | 15,000원

19세기 과학과 불화했던 비운의 천재, 엔트로피 이론을 확립한 루트비히 볼츠만의 생애. 그리고 그가 남긴 과학이론의 발자취.

간행물윤리위원회 선정 '청소년 권장 도서'

생물

안개 속의 고릴라
다이앤 포시 지음 | 최재천, 남현영 옮김 | 520쪽 | 20,000원

세 명의 여성 영장류 학자(다이앤 포시, 제인 구달, 비루테 갈디카스) 중 가장 열정적인 삶을 산 다이앤 포시. 이 책은 '산중의 제왕' 산악고릴라를 구하기 위해 투쟁하고 그 과정에서 목숨까지 버려야 했던 다이앤 포시가 우림지대에서 13년간 연구한 고릴라의 삶을 서술한 보고서이다. 영장류 야외 장기 생태 연구 분야에서 값어치를 매길 수 없이 귀한 고전이다. 시고니 위버 주연의 영화 <정글 속의 고릴라>에서도 다이앤 포시의 삶이 조명되었다.
한국출판인회의 선정 '이달의 책'(2007년 10월)

인류 시대 이후의 **미래 동물 이야기**
두걸 딕슨 지음 | 데스먼드 모리스 서문 | 이한음 옮김 | 240쪽 | 15,000원

인류 시대가 끝난 후의 지구는 어떻게 진화할까? 다윈도 예측하지 못한 신기한 미래 동물의 진화를 기후별, 지역별로 소개하여 우리의 상상력을 흥미롭게 자극한다. 책장을 넘기며 그림을 보는 것만으로도 이 책이 우리의 상상력을 얼마나 흥미롭게 자극하는지 느낄 수 있을 것이다. 나아가 이 책은 단순히 호기심만 부추기는 데 그치지 않고, 진화 원리를 바탕으로 타당하고 예상 가능한 상상의 동물들을 제시하기에 설득력을 갖는다.

근간

Gamma Exploring Euler's Constant
줄리언 해빌 지음 | 프리먼 다이슨 서문 | 고중숙 옮김

수학의 중요한 상수 중 하나인 감마는 여전히 깊은 신비에 싸여 있다. 줄리언 해빌은 여러 나라와 세기를 넘나들며 수학에서 감마가 차지하는 위치를 설명하고, 독자들을 로그와 조화급수, 리만 가설과 소수정리의 세계로 끌어들인다.

NOT EVEN WRONG The Failure of String Theory and the Continuing Challenge to Unify the Laws of Physics
Peter Woit 지음 | 박병철 옮김

초끈이론은 탄생한 지 20년이 지난 지금까지도 아무런 실험적 증거를 내놓지 못하고 있다. 그 이유는 무엇일까? 입자물리학을 지배하고 있는 초끈이론을 논박하면서 (그 반대진영에 있는) 루프양자이론, 트위스트이론 등을 소개한다.

THE ROAD TO REALITY A Complete Guide to the Laws of the Universe
로저 펜로즈 지음 | 박병철 옮김
지금껏 출간된 책들 중 우주를 수학적으로 가장 완전하게 서술한 책. 수학과 물리적 세계 사이에 존재하는 우아한 연관관계를 복잡한 수학을 피해 가지 않으면서 정공법으로 설명한다. 우주의 실체를 이해하려는 독자들에게 놀라운 지적 보상을 제공한다.

ISAAC NEWTON
제임스 글릭 지음 | 김동광 옮김
'천재'와 '카오스'의 저자 제임스 글릭이 쓴 아이작 뉴턴의 삶과 업적! 과학에서 가장 난해한 뉴턴의 인생을 진지한 시선으로 풀어낸다.

The Reluctant Mr. Darwin An Intimate Portrait of Charles Darwin and the Making of His Theory of Evolution
<GREAT DISCOVERIES>
데이비드 쾀멘 지음 | 이한음 옮김
찰스 다윈과 그의 경이롭고 두려운 생각에 관한 이야기! 다윈이 떠올린 진화 메커니즘인 '자연선택'은 과학사에서 가장 흥미를 자극하는 것이다. 이 책은 다윈의 과학적 업적은 물론 그의 위대함이라는 장막 뒤쪽의 인간적인 초상을 세밀하게 그려 낸다.

THE MEANING OF IT ALL Thoughts of a Citizen-Scientist
리처드 파인만 강연 | 정재승, 정무광 옮김
'과학이란 무엇인가?', '과학적인 사유는 세상의 다른 많은 분야에 어떻게 영향을 미치는가?'에 대한 기지 넘치는 강연을 생생히 읽을 수 있다. 아인슈타인 이후 최고의 물리학자로 누구나 인정하는 리처드 파인만의 1963년 워싱턴대학교에서의 강연을 책으로 엮었다.

도서출판 승산의 다른 책과 어린이 책은 홈페이지(www.seungsan.com)를 방문하면 볼 수 있습니다.

허수

1판 1쇄 발행 2008년 3월 27일
1판 3쇄 발행 2019년 9월 19일

지은이	배리 마주르
옮긴이	박병철
펴낸이	황승기
마케팅	송선경, 황유라
편집	이재만
표지디자인	소울커뮤니케이션
본문디자인	미래미디어
펴낸곳	도서출판 승산
등록날짜	1998년 4월 2일
주소	서울시 강남구 테헤란로34길 17 혜성빌딩 402호
대표전화	02-568-6111
팩시밀리	02-568-6118
전자우편	books@seungsan.com

값 12,000원

ISBN 978-89-6139-012-5 03410